吉永良正
YOSHINAGA YOSHIMASA

アキレスとカメ

パラドックスの考察

絵—大高郁子
OTAKA IKUKO

講談社

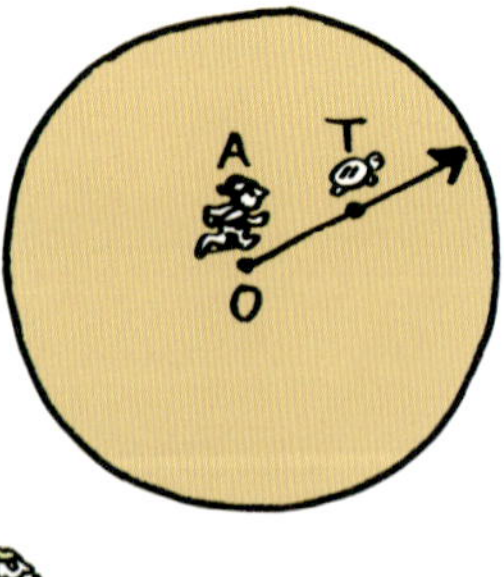

A
T
O

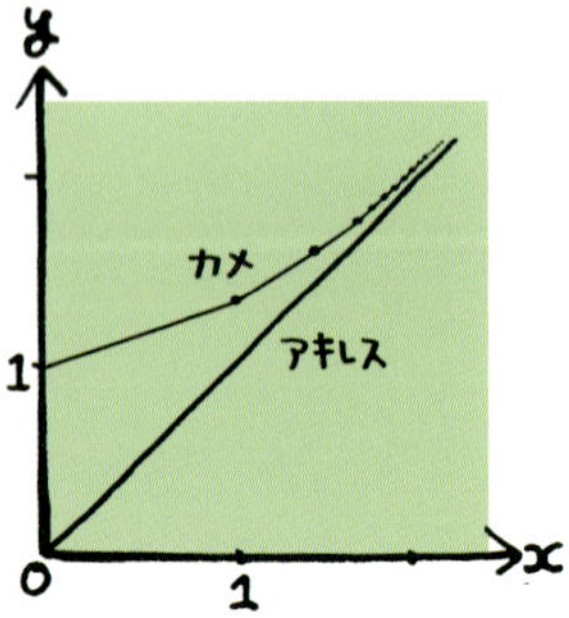

y
x
0
1
1
カメ
アキレス

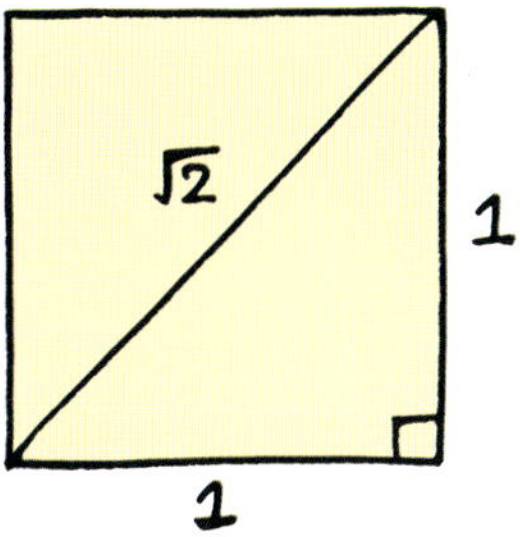
√2
1
1

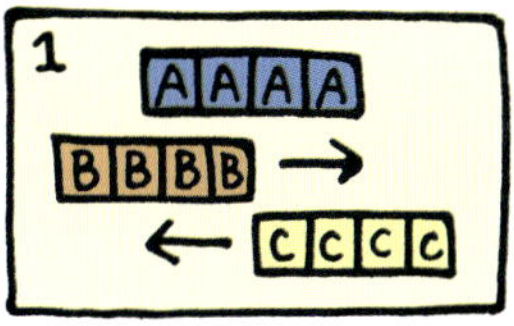
1
AAAA
BBBB
CCCC

ブックデザイン：遠藤 勁

プロローグ

七月のアテナイにて

「怒りを歌え、ミューズよ、
女神テティスと
人間ペレウスの子にして、
腱をのぞけば不死身の
英雄アキレスが、
なにゆえに
かのスローラーナーにして
スローランナーの超のろまな
カメを抜き去ること
あたわざるや……」
（偽ホメロス伝『似非イリアス』より）

むかし、とはいっても二五〇〇年くらい前の話ですが、パンアテナイア大祭のためにイタリアから二人の高貴な客が、七月のアテナイの街を訪れました。この大祭は毎回のオリンピックの前年に、したがって四年ごとに開催され、いろいろなコンクールやパレードなどで盛り上がります。アテナイという一ポリスの祭りというよりも、イタリアや黒海周辺の植民都市をふくめ、地中海沿岸に広がるギリシア世界のさまざまな都市国家から人々が集まる、古代的な意味でインターナショナルなイベントだったのです。

そこで二人の賓客《ひんきゃく》ですが、悠々《ゆうゆう》とした足取りで先を歩むのは、髪も半ば以上白くなった、およそ六五歳くらいの見た目も立派な老紳士。名をパルメニデスといいます。まるで要人警護のSPのように老紳士の半歩後につきしたがうのは、背が高く、見るからに気持ちのよい様子をした、まだ青年の面影《おもかげ》を残す壮年男性。年齢は四〇歳前後でしょうか。この人物こそ、本書のテーマである「おかしな話」を最初に世に問うたゼノン、あるいはエレアのゼノンその人です。

エレアというのはイタリア半島南西部のギリシアの植民都市の名前で、ここではパルメニデスを中心に独自の哲学が発達しました。ゼノンという名前はけっこうありふれた名前だったようで、古代ギリシア世界で名を残しているゼノンは少なくとも八人います。そのため、人物を特定するために「エレアのゼノン」と呼ぶわけです。

一説によると、ゼノンは養子《ようし》縁組みによってパルメニデスの子になったともいいます。また、ギリシア的な独特の意味で「寵愛《ちょうあい》を受けていた」ともいいます（こういう思わせぶりな言い方が気になる人は、プラトンの『饗宴』をお読みください。ミシェル・フーコーが殉《じゅん》じたギリシア的性愛の奥義《おうぎ》がよくわかります）。二人の関係

がどうであれ、ゼノンが師にして父であるパルメニデスを心の底から敬愛《けいあい》し、その学説の信奉者にして擁護者《ようご》であったことはまちがいありません。そのためにゼノンはもっと若い頃、ある論文を書きました。そして今回のアテナイ訪問では、宿泊先の主人にその論文の朗読《ろうどく》を求められています。なぜなら、アテナイの市民たちは、その論文のことはうわさでは聞いていても、実物はまだ目にしたことも耳にしたこともなかったからです。

朗読会に集まったアテナイの知的な市民のなかに、ひとり、異彩《いさい》を放つ人物がまじっていました。年はまだ若く、階級も高くはあり

ません。戦場では重装歩兵の中核となる下層市民の一人で、いつもは粗末な服に裸足《はだし》でアゴラ（市民が論争する広場）のなかを歩き回っています。見た目も、どちらかというと醜悪《しゅうあく》。ゼノンのようなイケメンとは大違いです。ただし、いったん口を開くと、その対話術は鬼神をも驚かせるほどの説得力を持ち、その特技をもってかれはこれまでに何人もの論敵を調伏《ちょうぶく》させてきたのみならず、多くの貴族の子弟たちがまるでシビレエイに刺《さ》されたかのように、このサルのような人物に心を奪《うば》われてきました。そう、かれの名はソクラテスといいます。

ソクラテスは一字たりとも弁論の記録を残しませんでしたが、その劇的な刑死は弟子たちにとって生涯消えることのないトラウマとなり、かれらはくりかえし師の弁論を反芻《はんすう》して自らの思索の糧《かて》としました。とりわけ、貴族出身のプラトンは、亡き師とほとんど一体化し、ソクラテスを自分のすべての作品の主人公に仕立てています。どこまでがソクラテスの歴史上の発言でどこまでがプラトンの創作なのか、グチャグチャになっていていまではよくわかりませんが、いずれにせよ、ここにいわゆる「哲学（ピロソピア＝知を愛する）」が成立するわけです。ですから、ゼノンをふくめ、それより前の思索家たちは一九世紀以来、十把一《じっぱひと》からげに「ソクラテス以前の哲学者たち」と呼ばれるのが普通です。ニーチェなどは「ソクラテスが本来の哲学を変節

させた」といって、こうした哲学史観にイチャモンをつけていますが、世の中の大勢《たいせい》は哲学史の正統派に準じている次第。

というわけで、これからお話しする「おかしな話」は、ソクラテス以前、つまり哲学以前の超元気な古代ギリシアの思索者たちの息吹《いぶき》を伝えるものです。現代社会の動きはめっぽう速いので、十年、百年、千年前と聞けば、超大昔に思えてしまいます。しかし、わたしたちの体や脳をつくっている遺伝子は十年、百年、千年といった短期間ではほとんど変化はしません。二五〇〇年前の話でも、それが二五〇〇年間も語り継《つ》がれてきた以上、かならずやそこには考えるに値する何らかの意味があるはずです。

そんな暇《ひま》はないという人たちとはここでお別れしましょう。せいぜいビジネスに精を出してください。ビジーがビジネスの本義であり、ビジー（アスコリア）ほど学問をするための必須条件である閑暇《かんか》（スコレー）と縁遠いものはないのですから。残った少数の好奇心旺盛《おうせい》な人たちは、心の準備が出来たら、二五〇〇年前の七月のアテナイに出発です。それでは、タ〜イムスリップ。

さて、タイムスリップで、パルメニデスとゼノンが滞在した目的地のアテナイはケラメイコスの城壁の外側、ピュトドロスの家に着いたのはいいのですが、実は、この集会のことを伝えるプラトンの対話編『パルメニデス』には、具体的にはゼノンの四つの「おかしな話」の記載はありません。まあ、当時はよく知られていた話なので、ハショったのでしょう。しかし、ご心配なく。プラトンの弟子《でし》、ソクラテスからみれば孫弟子にあたるアリストテレスが、しっかりと記録しています。しかも収集癖がありかつ分類魔であったアリストテレスならではの、完璧な記載です。ツアーのはじめのウェルカム・ドリンクがわりに、まずは、アリストテレスの『自然学』のなかにあるゼノンの「おかしな話」の一覧を引いておきましょう。

ゼノンのパラドックス

「運動にかんするゼノンの議論は四つあって、それらは解決しようとする人々に困惑《こんわく》を与える。(1) まず第一の議論は、移動するものは、目的点へ達するよりも前に、その半分の点に達しなければならないがゆえに、運動しない、という論点にかんするものである(……)。(2) 第二の議論はいわゆる「アキㇽレウス」の議論である。すなわち、走ることの最も遅いものですら最も速いものによって決して追い着かれないであろう。なぜなら、追うものは、追い着く以前に、逃げるものが走りはじめた点に着かなければならず、したがって、より遅いものは常にいくらかずつ先んじていなければならないからである、という議論である。(……) (3) 第三の議論は、(……) 移動する矢は停止しているというのである」。――「ゼノンは論過《ろんか》している。というのは、もしどんなものもそれ自身と等しいものに対応している〔それ自身と等しい場所を占める〕ときには常に静止しており、移動するものは今において常にそれ自身と等しいものに対応しているならば、移動する矢は動かない、とかれは言うのである」――。

「(4) 第四の議論は、競走場において、一列の等しい物塊の傍を、反対方向に、一方は競走場の終点から、他方はその折返し点から、等しい速さで運動する二列の等しい物塊にかんするものである。この議論では、ゼノンは、半分の時間がその二倍の時間に等しいという結論になると思っている」

(アリストテレス『自然学』第六巻、第九章　出隆・岩崎允胤訳　岩波書店)。

この四つの「おかしな話」は、「ゼノンのパラドックス」と呼ばれています。パラドックスというのは、いってみればバラバラの(パラ)学説(ドクサ)という意味で、普通に考えれば矛盾《むじゅん》する話ということです。ですから「おかしな話」で充分なのですが、一般に通りがいいので、以下、「おかしな話」のことをパラドックスと呼ぶことにします。考えるのが好きな人は、この文面だけから、

① 何が問題であり、

② どうすればその問題が解消できるのか、

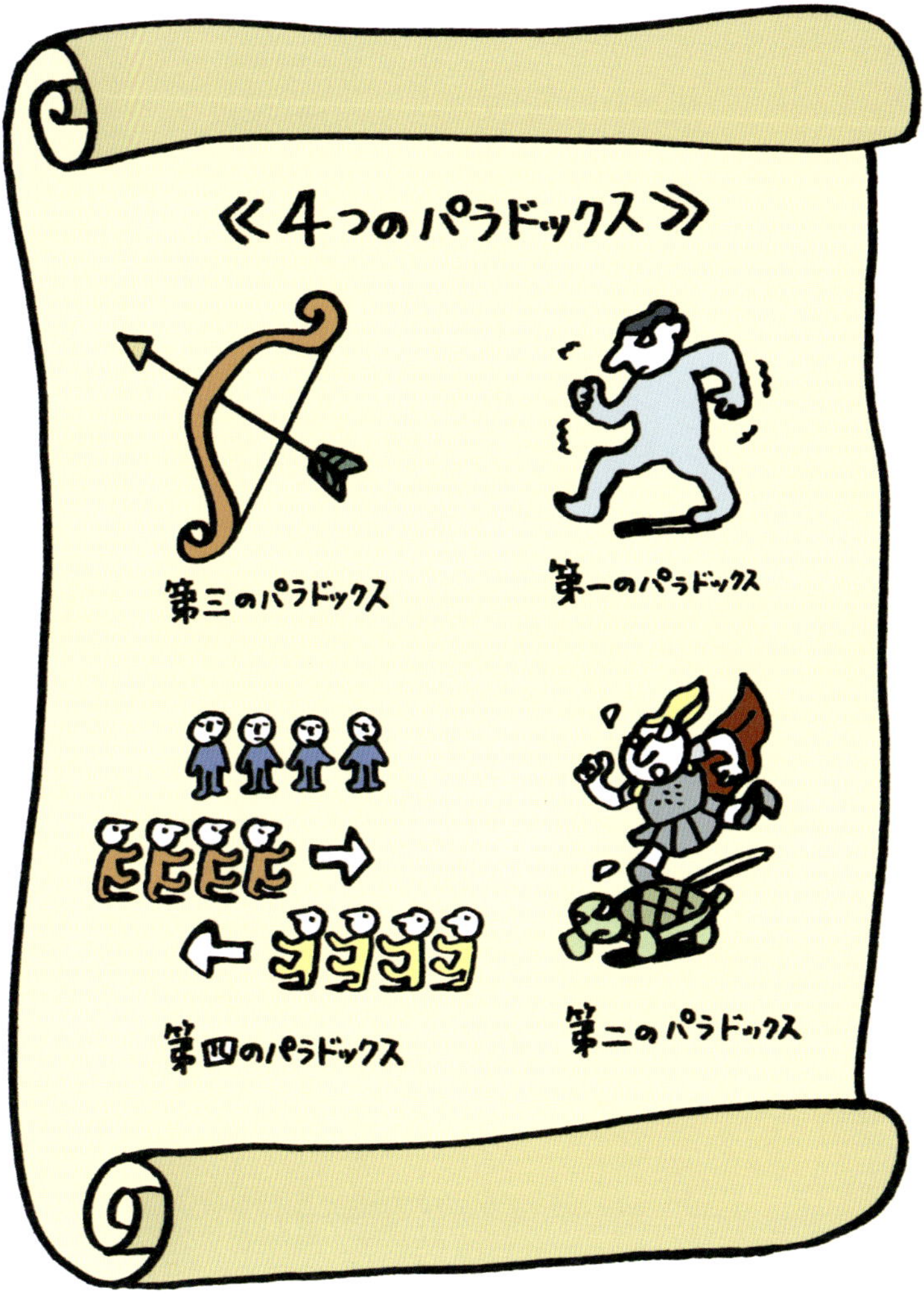
《4つのパラドックス》
第三のパラドックス
第一のパラドックス
第四のパラドックス
第二のパラドックス

他の本は何も見ないで考えてみてください。これだけでTVのクイズ番組よりもはるかに豊かな思索の時間が持てるはずです。

とはいっても、現代はそういうアルカイックな（古代的・始原的な、言い換えれば根源的で統合的な）頭の働かせ方を禁止するように教育も社会のあり方も方向づけられていますから、突然では戸惑う方も多いことでしょう。急がずに、順に攻略《こうりゃく》していくことにしましょう。まずは、アリストテレスが挙げた二番目のパラドックス、本書の主題でもある「アキレスとカメ」から、じっくり見ていきます。

第1章

追いつけないいないなんて、ありえな〜い

点とは部分をもたないもの

ゼノンのパラドックスのなかでももっともよく知られている「アキレスとカメ」の話は、アリストテレスの『自然学』に記載されているオリジナル・バージョンによれば、次のようなものでした。

「走ることの最も遅いものですら最も速いものによって決して追い着かれないであろう。なぜなら、追うものは、追い着く以前に、逃げるものが走りはじめた点に着かなければならず、したがって、より遅いものは常にいくらかずつ先んじていなければならないからである」

一回、サッと目を通しただけでは、何が問題なのか、ちょっとわかりにくいかもしれませんね。解説しましょう。

アキレスの脚力なら、一〇〇メートル九秒くらいでしょうか。カメのほうは、大きさとやる気にもよりますが、一〇〇メートル進むのにおそらく一時間くらいかかるでしょう。

しかし、これではあまりに考えにくいので、現実無視で、簡単なケースを想定しましょう。

位置について…
アキレス

すると、もっとも単純な問題設定は次のようになります。

「アキレス（A）の速さを1、カメ（T）の速さを$\frac{1}{2}$、両者の出発点の距離の差を1とし、時間0からアキレスがカメを追いかける」

これをもし算数の問題と考えるなら、こうです。

「Aくんは毎時1km、Tさんは毎時$\frac{1}{2}$kmの速さで同じ方向に歩いています。最初、TさんがAくんより1km先にいたとすると、Aくんは何時間後にTさんに追いつくでしょうか。また、追いつくまでに

算数的解き方

$PR:QR=1:\frac{1}{2}$

$1+QR:QR=2:1$

ゆえに $QR=1$

答え 2時間で2km

AがTに地点Rで追いついたとする。

道のり＝速さ×時間

追いつくまでの時間は同じなので、その間の道のりの比は速さの比に等しい。

Aくんが歩いた距離は何kmでしょうか」

算数が得意な小学生なら、比例計算で即座に答えを出してしまうでしょう。「2時間後に、Aくんの出発点から2kmのところで追いつく」というのがその答えです。

数学を習い始めた中学生や高校生なら、連立1次方程式を解いて答えを求めるでしょう。同じことですが、時間をx軸、距離をy軸にして、Aくんの出発点を原点にとった直交座標上では、二人の進行を示す二直線の交点がその解になります。

こういう計算は、お受験問題の成績が

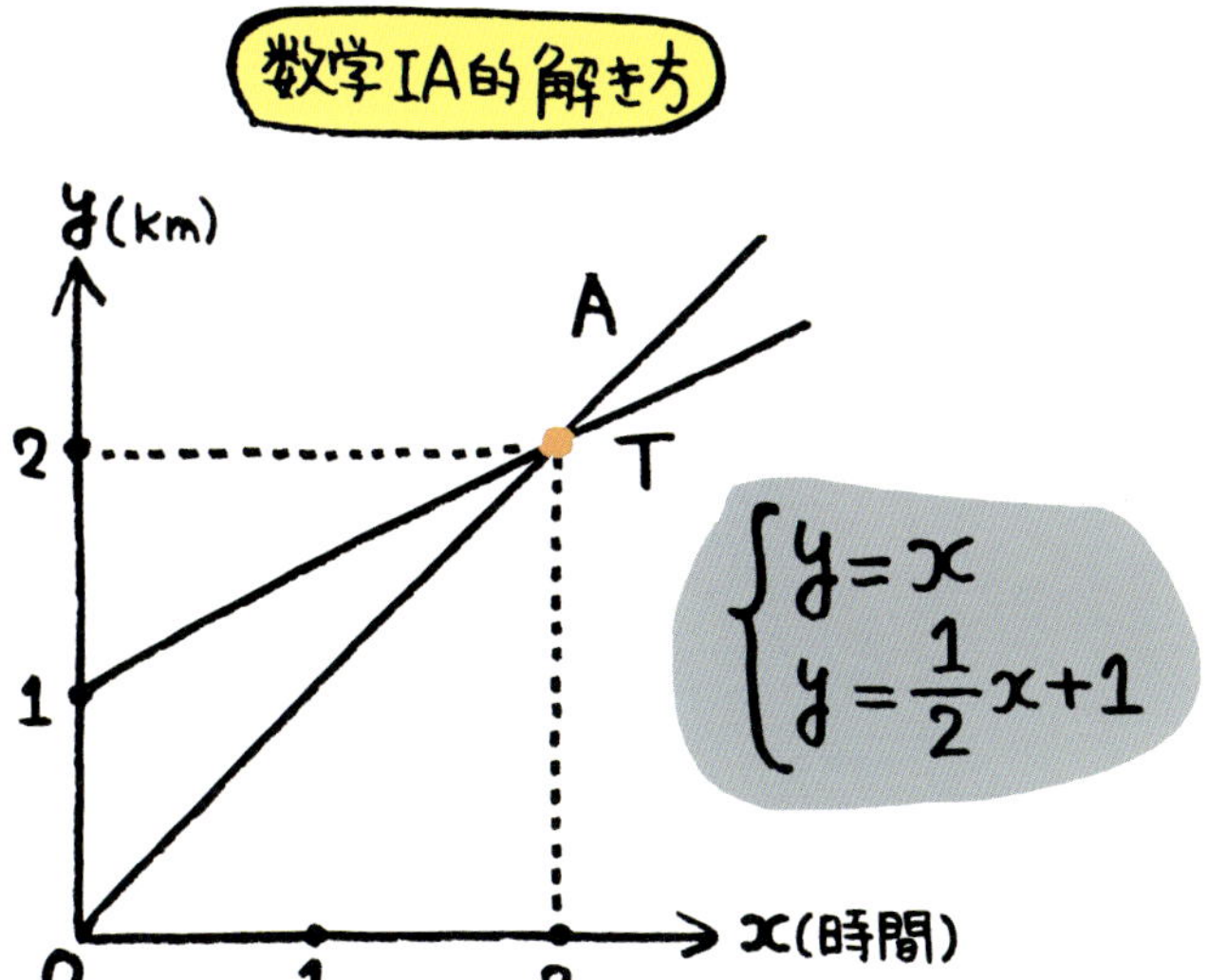

いい、つまりは社会への適応力が高い子どもや、健全と呼ばれる常識的発想にドップリ順応した大人では、ほとんど条件反射的になされますので、「追いつけない」という発想は絶対に出てきません。お笑い芸人にしても、たとえ知恵を絞《しぼ》って思いついたところで、「こりゃ、受けへん」と即、ネタからはずすことでしょう。ところが、ディオゲネス・ラエルティオスが「哲学においても政治の面でも、きわめて高貴な性格の持ち主であった」と伝える、気骨《きこつ》も知性もある生粋《きっすい》の古代人であったゼノンは、意表をつく論法でこの常識に異議を唱《とな》えたわけです。

オリジナル・バージョンをもう一度よく読んで

みましょう。

「追うものは、追い着く以前に、逃げるものが走りはじめた点に着かなければならず」とあります。あたりまえのこととしてつい読み飛ばしてしまうところですが、ここにはすでに二つのことが前提にされています。一つは、両者の刻々と変わる位置が「点」と想定されていること。およそ二〇〇年後、この「点」はユークリッド（エウクレイデス）によって、「点とは部分をもたないものである」と定義されました。位置だけを明示し、幅はゼロというわけです。この定義は、ゼノンからおよそ二〇〇〇年後のニュートンの古典力学においても「質点」というかたちで踏襲《とうしゅう》され、物理的世界への数学的解析《かいせき》の有効性の基礎になります。

論理を優先するか、現実を優先するか

そしてもう一つの暗黙の前提が、追いつく前の点、追いついた点、追いついた後の点というふうに、アキレスとカメの相対的な位置関係を区切って考えていることです。区切って考える限り、「より遅いものは常にいくらかずつ先んじ」るという関係は、論理的にはつねに成り立ちます。論理を優先するか、現実を優先するかは、人のあり方を二分する永遠のテーマともいえるわけですが、ゼノンは断固として前者の立場に立ちます。それは、敬愛《けいあい》する師パルメニデスが「真理への道」として示した目標でもありました。

そこで、さしあたってはわたしたちもこの二つの前提を容認《ようにん》し、先の単純化したモデルで問題のポイントを確認しておきます。左の図でわかるように、アキレスとカメとの距離は限りなく小さくなっていきますが、それに応じて拡大していくと、両者の相対的な位置関係はどこまでいってもまったく変わっていません。現代風にいえばフラクタルのようなもので、最後の一点に達するまではどこまでもこの相似《そうじ》関係が保たれるのです。

これをもって、ゼノンは「アキレスはカメに追いつけない」と宣言《せんげん》しました。ただし、

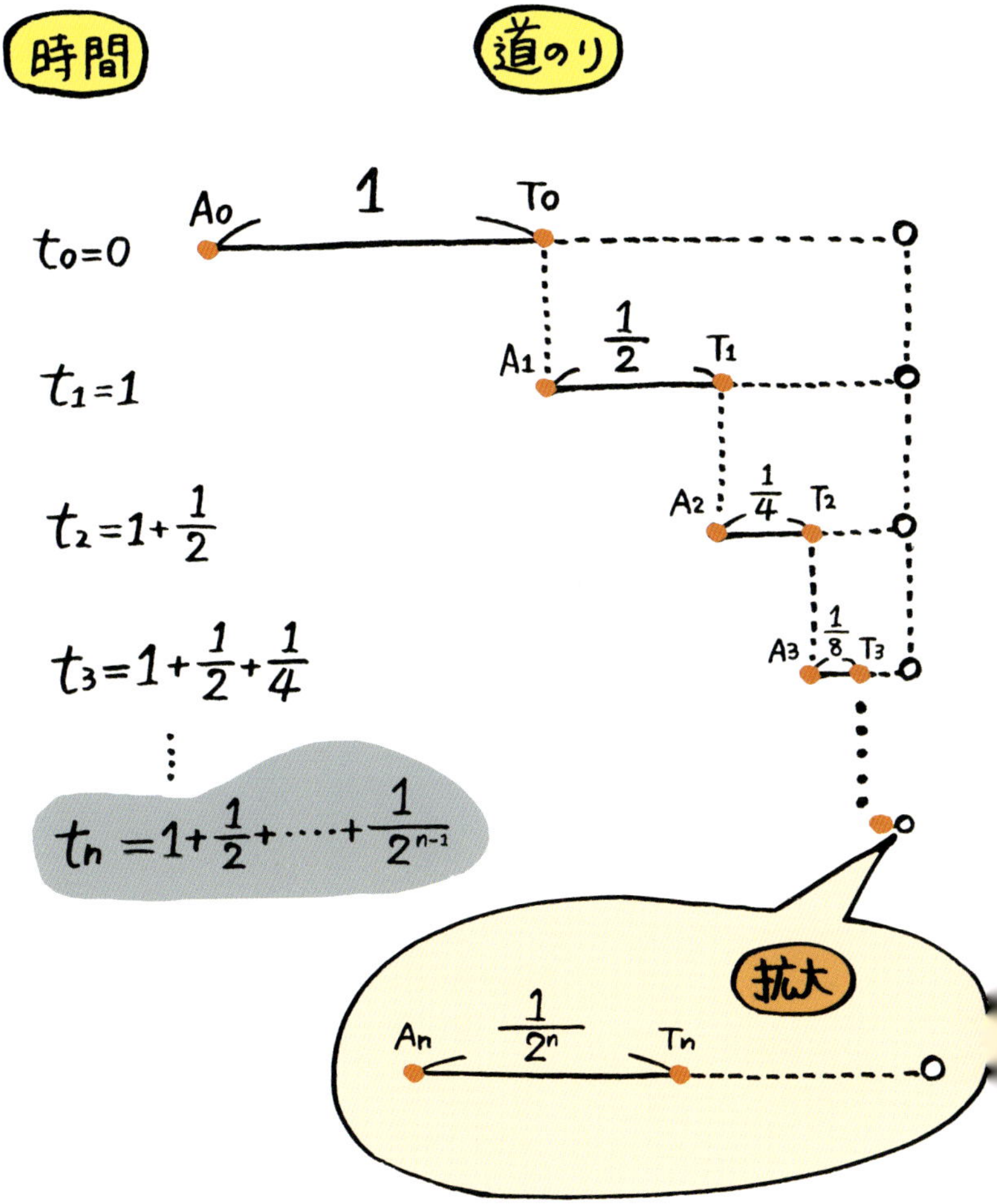
時間
道のり
$t_0=0$
A_0
1
T_0
$t_1=1$
A_1
$\frac{1}{2}$
T_1
$t_2=1+\frac{1}{2}$
A_2
$\frac{1}{4}$
T_2
$t_3=1+\frac{1}{2}+\frac{1}{4}$
A_3
$\frac{1}{8}$
T_3
$t_n=1+\frac{1}{2}+\cdots+\frac{1}{2^{n-1}}$
拡大
A_n
$\frac{1}{2^n}$
T_n

これは誤解が多いのですが、「永遠に」とはどこにも言っていません。時間の問題にはいっさいふれず、ただ論理的にいえば追いつけないのが道理だ、と述べているだけです。

パルメニデスやゼノンらの先駆《せんく》的思索を集大成して論理学というものを創始したのがアリストテレスですが、論理学の古典的枠組《わくぐ》みのなかでは時間の問題は扱えません。その事情は、現代の記号論理学においても同様です。論理学は無時間的なのです。たとえば、「花子は結婚して、子どもを生んだ」と「花子は子どもを生んで、結婚した」とでは、現実問題としては印象がまるで異なりますが、論理的には両者とも「花子は結婚した、かつ、花子は子どもを生んだ」となって、区別がつかなくなります。時間関係をふくむ論理を問うには、もう少し複雑な論理学の体系が必要になります。

しかし実は、時間の関係も、わたしたちの設定したケースでは距離の関係とまったく同じ数値で表されます（わざとそのように設定したわけです）。ですから、「時間とは何か」とか「アキレスの時間とカメの時間」、「できちゃった結婚か否か」などとむずかしいことを考えなくとも、オリジナル・バージョンの「点」を「時点」に変えるだけで、さしあたっては同じ問題として扱えます。今の瞬間が「点」であり、アキレスとカメの動きを区切って考えるなら、追いつく以前にはどの瞬間をとってもカメがアキレスに先行しており、この関係は瞬間が幅をもたない以上、論理的には無限につづくのです。

文系vs.理系

なんとも厄介な事態ですが、おもしろいことに、このパラドックスを聞いたときの反応は、文系の人と理系の人とではまるで異なります。文系の人の典型的な反応は、「ありえな〜い」というもの。これまでの説明でいえば、「論理的に」というところは聞こえなかったとばかりに、「だって、現実に追いこしちゃうんだもの」というわけです。

一方、理系の人の多くは、適当に数値化したモデルを使って無限等比級数の和を求め、それでおしまい、シャンシャンとなります。つまりは極限の問題に還元するわけです。これも、わたしたちの簡単なモデルで示しておきましょう。図のように、公式を使えば魔法のようにパラドックスを飛び越えてしまいます。わたしたちの分析に入る前に、両者の反応について、それぞれ少しだけ感想を述べておきましょう。

文系の人たちの反応については、わたしにも体験があります。三〇年も苦楽《くらく》を共にして

数学者による解き方

$$S = 1 + \frac{1}{2} + \frac{1}{4} + \frac{1}{8} + \cdots\cdots$$
$$= 1 + \frac{1}{2} + \frac{1}{2^2} + \frac{1}{2^3} + \cdots\cdots$$

これは、初項1、等比$\frac{1}{2}$の無限等比級数

よって、$S = \dfrac{1}{1-\frac{1}{2}} = 2$

無限等比級数の和の公式

初項a，等比rの無限等比級数

$$\sum_{n=1}^{\infty} ar^{n-1} = a + ar + ar^2 + \cdots + ar^{n-1} + \cdots$$

について、その和Sは、$|r| < 1$のとき、

$$S = \frac{a}{1-r}$$

いるわたしの配偶者《はいぐうしゃ》は「歩く文系」といった感じの人ですが、つい最近、休みを利用してバリ島へ遊びに行ったときのことです。旅の疲れと興奮からか、異国での夜、なかなか寝つかれないからなにか話をしてくれといわれ、そういえば妻がよく円生《えんしょう》の落語を聴《き》きながら寝入《ねい》っていたのを思い出して、シェエラザードよろしく「アキレスとカメ」の一席となったわけです。すると、わたしが話し終わらないうちに「追いつけないなんて、ありえな〜い。アキレスだかアキレタだか、カメだかカモだかしらないけど、速いほうが遅いほうに追いつくに決まっているじゃない。あなた、いつもむずかしそうな顔をしながら実はそんなこと考えていたの」と、すっかりあきれられてしまい、とんだやぶへびになってしまいました。もっとも、シュンとなってひとり、ベランダで南国の夜気にひたっていると、じきにしずかな寝息が聞こえてきましたから、「アキレタとカモ」の話も落語の代用にはなったようです。

もっとましな例を出しましょう。ユーモア作家の清水義範さんに文字通り『アキレスと亀』という作品がありますので、それを紹介しておきます。

語り手である「私」が「いさきの塩焼きや、鯛のかぶと煮で酒を飲むたぐいの気楽な店」にひとりで入り、暇にまかせてたまたま近くの席にいた二五歳くらいの先輩男性社員と新入女子社員のカップルの話を耳にしたという想定。アキレスともカメとも関係のない会話がずっとつづくのですが、「私がかなりいい気分になってきて、茶そばを頼んでこれで終りにしよう」というときに、その「しょうもない話」が出てきます。清水さんは算数を「いやでも楽しむ」ようなマジメな人ですから、先輩男性社員に語らせるアキレスがカメに追いつけない論証はバリバリの正攻法です。新入女子社員の反応が作家の腕の見せどころですが、わたしが感心した発言を一つだけ挙げておきます。

「そんなふうに、区切って考えることはないと思うんですけど」

そして最後のおちは、新入女子社員の以下の発言。

「亀はたまたま四本の脚《あし》が全部地面についていたとして、さあ、脚をあげようかなあ、と思っているうちにちゃっ、とアキレスに並ばれてしまいますよ。きっとそういうふうになるんです」

だめおしの一言がいかにもリアルで、清水さんもわたしと同じような体験をなさったことがあるのかなと思いました。しかし、この「ちゃっ」こそ大問題なのです。

数学VS.哲学

極限の問題に還元して終わりとする典型的な理系の人たちの反応については、現代の古典ともいうべき科学啓蒙《けいもう》書の名著、『零の発見』のなかで、著者の吉田洋一さんは次のように疑義《ぎぎ》を述べておられました。

「人はこれをきいてアキレスが亀においつくわけが果してわかったというであろうか。何か魚を求めて蛇を与えられたという感じがおこらないであろうか」

吉田さんは、いまだにファンも多い岩波全書『函数論』の著書でも知られる一流の数学者でしたから、数学者仲間の反発を先読みされていたのでしょう。この疑義につづけてさらに以下の感想が添《そ》えられています。

「こういうと、アキレス問題がわからないのは粗雑な日常の言語によってものを考えるからであって、本来こういう量に関する問題は量の言語である数学によって考えなければならない、すなわち、いまのべた級数による考え方が、この問題に対するもっとも正しい考え方であって、これによればこの問題など明白のきわみである、と力んでいる数学者もあるのであるが、不幸にして私はまだその意味がよく呑み込めるほどの楽天家にはなれないでいる」

『零の発見』はこの後、数学史を追いながら「連続」とは何かを問い、「これを徹底的に究明しようとすれば、それが時の流れと結びつくかぎりにおいてさえ、きわめて深遠なきわめて難解な問題となるであろう」と指摘したうえで、「現代の数学が『連続』をいかに考えているかに一瞥を与えるだけにとどめようと思うのである」としてテーマを数学の世界に限定しています。そして最後は、「よく考えてみれば、こういう問題を考究することはあるいは数学本来の職掌外であるのかも知れない」という言葉で結ばれています。

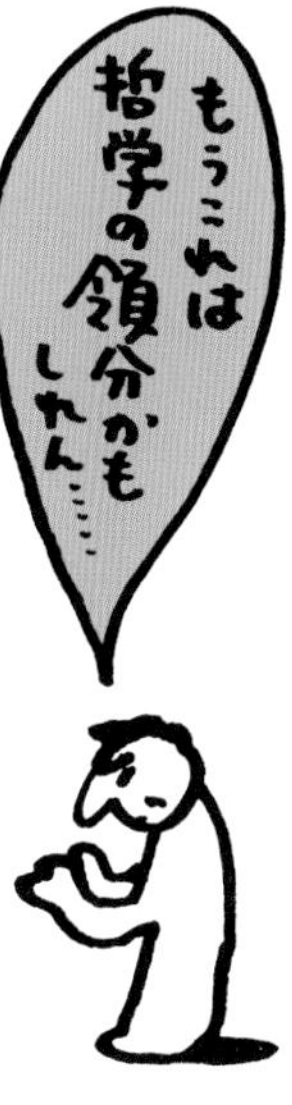

本書を準備するために『零の発見』を読み返していて、わたしは吉田さんの深い知見に驚くとともに、なぜこの本が七〇年も読み継がれてきたかが少しわかった気がしました。「アキレスとカメ」を取り上げた本はいまだに数多く出ています。それらはほぼ数学系と哲学・論理学系に二分され、数学系の人たちの本での扱いは前記の数学者たちとほとんど変わりません。それに対して、哲学・論理学系の人たちの本では、数学的な処理へのいささか過剰なほどの反発が表明されているケースが多く見られました。本書では、そのへんの事情も考慮《こうりょ》しつつ、しかしさしあたっては数学の観点を中心にして、わたしなりに「アキレスとカメ」

数学系
あくまで数学によって考えるのが正しい。
$S=1+\frac{1}{2}+\frac{1}{4}+$
$=2$
$\sum_{n=1}^{\infty} ar^{n-1} = a + ar + ar^2 + \cdots$
$|r|<1$ のとき…
$S=\frac{a}{1-r}$

の不可解さの背後にある、実数の世界の驚きに満ちた豊かさの一端を紹介してみたいと思います。ただしそれでおしまいにはせず、「哲学の領分」の話も少しは盛り込むつもりです。

しかし、その前に、アキレスがカメを追いこすのは本当にあたりまえのことなのか、そんなおバカな疑問をマジメに考えておきましょう。あたりまえでなければパラドックスにもならず、ゼノンとしてもかえって困った立場に立たされてしまうのですが、もしアキレスがカメを追いこせない納得のいく説明があれば、現代の文系・理系の紋切《もんき》り型の反応に対するちょっとしたカウンターパンチになるかもしれません。

理系と文系
理ヅメで説く夫
こんこんこんこんこんこんこんこんこんこんこん…
うるさーい!!
パーン!
理性と感情とも言う…

第2章

それでもアキレスはカメを追いこせない

カメの呪い

アキレスがカメに追いつけないなんて「ありえな〜い」と決めつけてしまうのは、なぜなのでしょうか。裁判官に倣《なら》ってちょっと硬い表現をすれば、そうした推論を妥当《だとう》ならしめるためには、次のような前提が真でなければなりません。

「速いものは遅いものを追い抜く」

無限等比級数の極限の問題に還元する解決法にしても、この前提は暗黙の了解となっています。しかし、これはウソです。ウソだという表現に抵抗があるようなら、「つねに成り立つわけではない」と言い換えてもかまいません。これがつねに真だと思い込んでいる背景には実はもう一つの、もっと強い前提が隠《かく》されています。それは、

「速いものも遅いものも定速度運動をしている」

という前提です。しかし、しつこいようですが「アキレスとカメ」のオリジナル・バージョンをもう一度、よく読んでみましょう。

「走ることの最も遅いものですら最も速いものによって決して追い着かれないであろう。なぜなら、追うものは、追い着く以前に、逃げるものが走りはじめた点に着かなければならず、したがって、より遅いものは常にいくらかずつ先んじていなければならないからである」

「最も速いもの」と「最も遅いもの」とあるだけで、どちらも一定速度を保つとはどこにも書いてありませんね。要は、どの時点を見てもアキレスのほうがカメよりも速ければ、課された条件は満足されるのです。このことに気がつけば、「速いものは遅いものを追い抜く」という前提に対する反例をつくることは、それほどむずかしいことではありません。

つまり、「ありえな〜い」ことが現実となって「アキレスとカメ」の話どおりになるということです。簡単なモデルをいくつか、挙げてみましょう。

まず、すぐに思いつくケース。自意識があるものならだれしも、追っ手が近づいてきたらなんとかして逃げようと必死になるものです。たとえ追うものが一定速度を保っていたとしても、追われるものは早がけになるのが普通でしょう。ノロマなカメだって、同じ思いのはずです。カメだからといって、コケにしてはいけません。そこで、根性《こんじょう》と品性《ひんせい》のあるカメが、アキレスが近づくたびに（さしあたっては、区切って考えることにします）スピード・アップをはかり、無限回ギアチェンジを繰り返して速度を増しつつ、最終的には限りなくアキレスのスピードに近づくとしてみましょう。

たとえば、左の図のようなケースです。

このように区切って考えてみると、アキレスが最初のカメの位置をこえ（ステップ１）、その時点でのカメの位置をこえる（ステップ２）までは、前例といっしょですが、ここでカメは俄然《がぜん》奮起して速度を増し、アキレスがふたたびステップ２のカメの位置にくるまでに$\frac{1}{4}$ではなく$\frac{1}{3}$、つまりは$\frac{1}{12}$だけ余計に先へ進んだとします。その後も同じようにしてスピード・アップをつづけると、カメの進んだ距離（うまく単位をそろえてあるので時間のほうも数値は同じです）は、図のような級数になります。

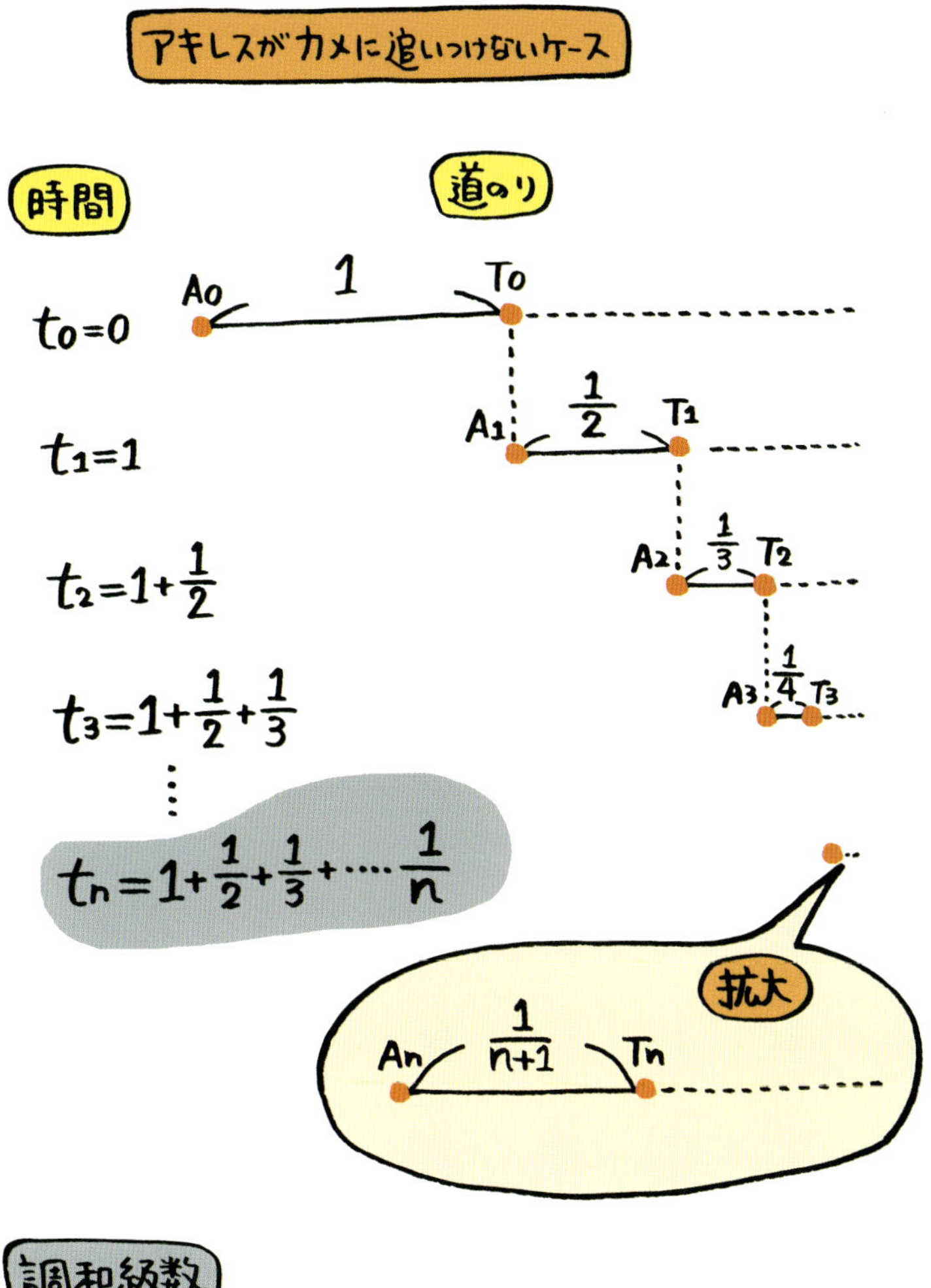

調和級数

$$S=1+\frac{1}{2}+\frac{1}{3}+\frac{1}{4}+\frac{1}{5}+\cdots+\frac{1}{n}+\cdots$$

この級数は調和級数と呼ばれ、第1章で挙げたステップごとに距離が半減する級数によく似ていますが、実はまったく似て非なるものなのです。実際、ちょっと計算してみれば予想がつきますが、この級数の和はどこまでも大きくなります（数学では「発散《はっさん》」といいます）。つまり、アキレスは追いかけても追いかけても永遠にカメには追いつけないということです。その様子を座標で示せば、なんとなく感じがつかめるでしょう。

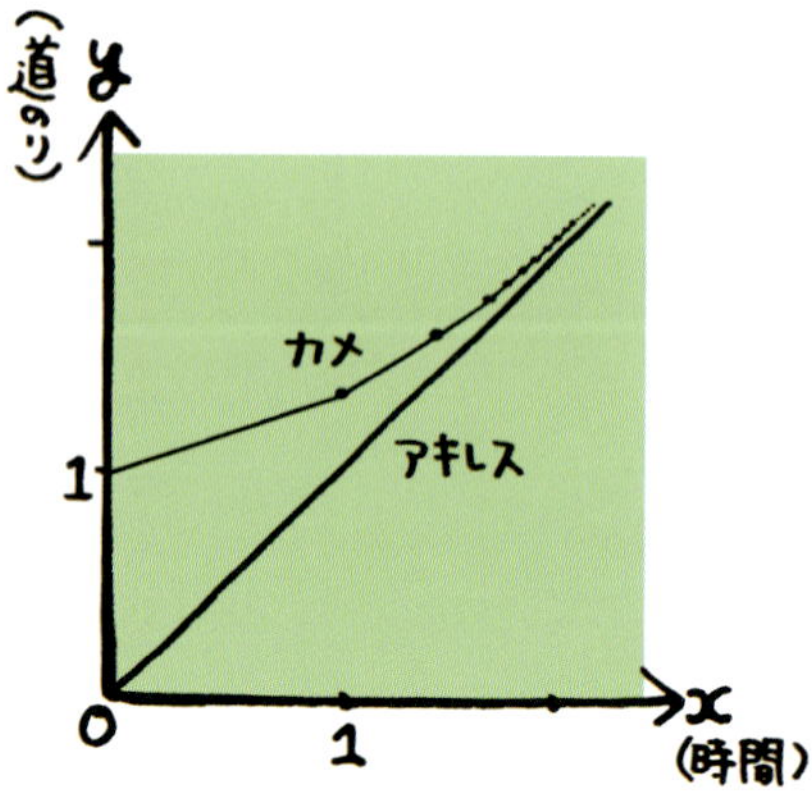

「最も遅いもの」であるカメのスピードが、「最も速いもの」であるアキレスのスピードに限りなく近づくという設定に、常識的にはやや難がありますが、どこまで行ってもカメのスピードがアキレス以上になることはありませんから、論理的には問題の条件を十分に満たしています。

こんな単純な例ならだれでもすぐに思いつきそうですが、「アキレスとカメ」を扱った本や論文をいろいろ見てみても、どこにも載っていませんでした。理由の一つには、あまりにも有名なパラドックスなので、だれも真剣には考えず、オリジナル・バージョンすら読んでいないという可能性があります。もう一つの理由は、やはりカメはノロいという先入見でしょう。カメがこの呪《のろ》いから解き放たれるときはくるのでしょうか。

親ガメの甲羅の上で

ついでに、もう少しアキレスがカメに追いつけないケースを考えてみましょう。いま述べた「区切って」考えるケースでは、不連続な、しかも無限回の速度変化が必要でしたが、そういうデジタル系に違和感がある人のために、カメの速度がなめらかに上昇するモデルを次に挙げておきます。

少し数学的な説明を補足しておきますと、図で、定速度運動をしているアキレスの描く直線は、カメの運動が描く曲線(これは双曲線と呼ばれます)の漸近線《ぜんきん》になっています。カメの瞬間ごとの速度はこの曲線の接線の傾き(微分をすればすぐに求められます)に等しく、どこまで行ってもアキレスの直線の傾きを越えることはありません。すなわち、「アキレスとカメ」の問題の条件をクリアしているということです。

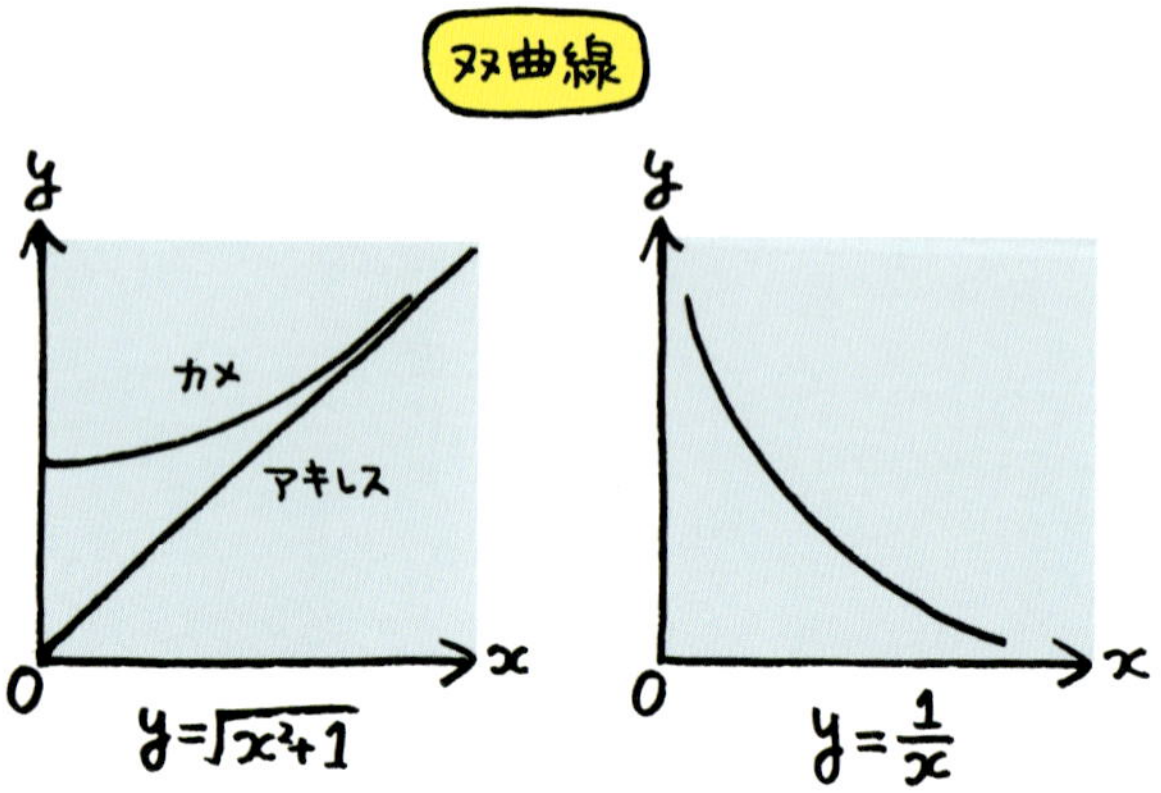

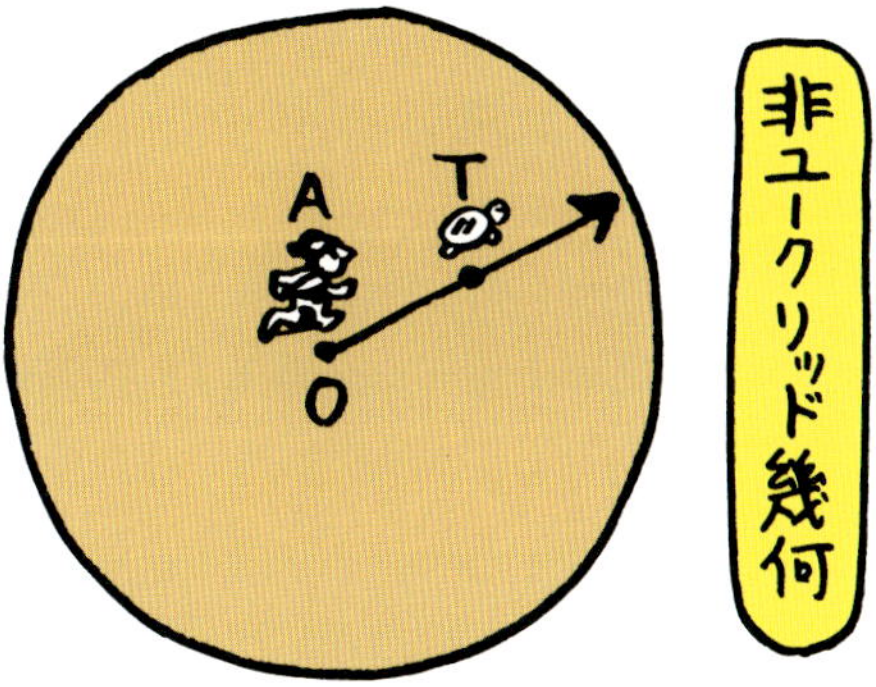

これで、「追いつけないなんて、ありえな〜い」ということはありえな〜い、論理学でいえば二重否定ですから、つまりは「十分にありえる」ということがおわかりいただけたでしょうか。ちなみに、二番目のモデルは非ユークリッド幾何学（双曲《そうきょく》幾《き》何《か》）と密接な関係があります。非ユークリッド幾何学は、歴史的には「平行線の公理」を否定しても成り立つ幾何学として、ガウス、ボヤイ、ロバチェフスキーの三人が創始したわけですが、その後、いろいろなモデルが考案されました。なかでも広く知られているのは、ポアンカレが一般向けの著書のなかで紹介したモデルです。

　これは、図のような円盤の内部（円周はふくまない）を全世界とし、ただし円周に近づくにつれて見かけの距

離がその世界の内部のものにとっては限りなく増大し、永遠に円周にはたどり着けないというもの。この世界で、図のようにアキレスとカメが追いかけっこをすれば、アキレスはいつまでもカメには追いつけません。
全世界は巨大なカメの甲羅《こうら》の上にのっているとした神話があったと記憶しますが、ポアンカレの非ユークリッド幾何学のモデルに似ていなくもありませんね。親ガメの甲羅の上での競走、子ガメも負けてはいられません。

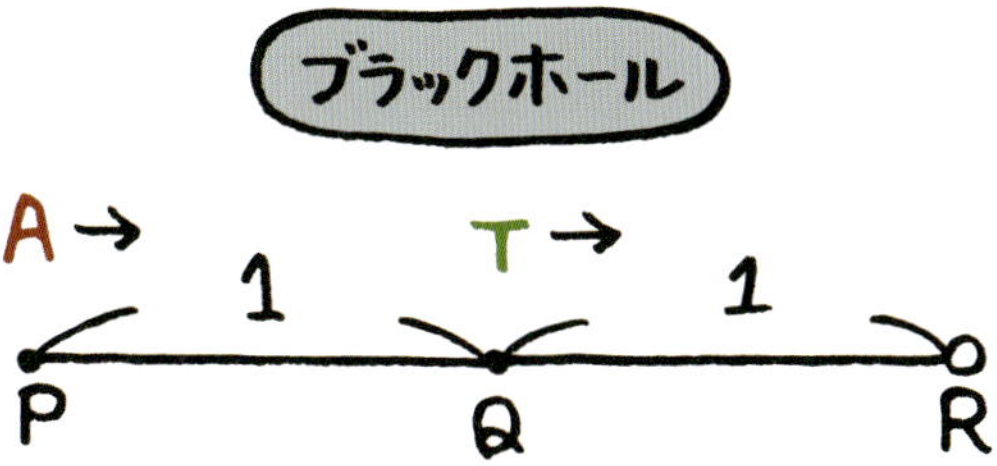

底なしの井戸

　もう一つ、アキレスがカメを追いこせないという不測の事態が生じるケースを挙げます。問題の設定は第1章の算数の問題と同じにしましょう。違いは、簡単な計算で求まるアキレスがカメに追いつく地点に、超ミクロのブラックホールがあるという仮定です。量子《りょうし》レベルのブラックホールも存在するそうですから、あながち無茶な想定でもないとは思いますが、そういう話にアレルギーがある人は、ともかくアキレスの前方2kmの地点に無限に深い井戸があると思ってください。

結果はもうおわかりですね。そう、追いつく寸前にアキレスもカメもその井戸に落っこちて、奈落の底まで落下するというわけです。もっとも、この井戸には底もないので、両者は永遠に落ちつづけなければなりませんが。一休さんのトンチめいたアホな設定にも見えますが、実はこの例、これから述べる実数の不思議とも深くかかわっているのです。

第3章

「最後の一歩」はどこにある

かぎりなく近づく

「アキレスとカメ」について、いろいろな角度から見てきました。ここで少し問題を整理しておきましょう。

まず、アキレスがカメに追いつくのはあたりまえという常識的な見方に立って、いくつかの説明を挙げてみました。たしかに普段の生活では、「速いものが遅いものに追いつき追いこす」のは当然であって、そんなことをいちいち疑っていては生きていけません。わたしたちの生活は、人々が共有する「世の中（世界）はこんなものだ」というある一定の世界の見方のうえに成り立っています。その見方に反したことは、起こってはいけないことなのです。したがってゼノンの主張は「ありえな～い」ことであり、ちゃんとした社会人がそんな屁理屈《へりくつ》にまじめにつきあってなどいられない、ということになります。

世界の見方は、時代の流れの中でゆるやかに変わっていきます。自然科学の発展は、その成果のすべてがすぐに世の中に広まるわけではありませんが、それでも世界の見方の根っこから方向転換をうながすので、結局は普段の生活意識にもそれと気づかないうちに影響を与えていきます。二五〇〇年前のゼノンの時代と現代とでは、世界の見方も大きく変わりました。ですから、今日の物理学や脳科学の知見を参考にすれば、「アキレスとカメ」の話もまた違った味わいが出てくるのですが、その話は後に残しておくことにして、この章では数学の世界に限定して考えてみます。

「アキレスとカメ」を数学の問題として見る場合、もっとも日常意識に近いやり方が、いちばんはじめに紹介した算数の問題です。このような問題設定では、追いつくことがすでに前提になっていますから、ゼノンのパラドックスの議論は入る余地がありません。

次に、同じ問題の解を座標上の二直線の交点として求めました。座標を用いて代数的な関係を幾何学的な関係に還元する（あるいはその逆の）やり方をはじめて導入したのは、一七世紀のデカルトです。いまでは小学校から、こういう手法が積極的に訓練されていますから、現代人にとってはこれもあたりまえの見方になっています。ゼノンのパラドックスとの関係でいえば、問題になっているのは座標（2、2）の交点の近傍だけです。ここでアキレスとカメのそれぞれの等速直線運動を表す二本の直線は、連続的につながって交点を通過することになっています。

　ゼノンの議論は、この交点の近傍をどんどん拡大していったときに生じる事態に関するものですが、それに対して、かぎりなく近づいた先がたしかに一点に定まることをもってパラドックスの解消を宣言したのが、無限等比級数の和による解法でした。これが答えになっているようで、それでもどこか釈然《しゃくぜん》としないと思

われるのは、これまでわかったものとして気にもとめていなかった「かぎりなく近づく」、数学の言葉でいえば「極限」ということの意味が、改めて問われることになるからです。まさに「魚を求めて蛇を与えられた」感じでしょう。

無限は数えられる!?

無限等比級数と似たような手法を使って、アキレスがカメに追いつけない例も紹介しました。調和級数はどこまでも大きくなって、けっしてどこかの点に「かぎりなく近づく」ことはありません。ふたたび数学の言葉でいえば、収束《しゅうそく》と発散の問題ですが、ではどんな場合に収束し、どんな場合に発散するのでしょうか。ゼノンのパラドックスで頭が混乱する理由の一つに、「無限に小さくなるものでも、それらを無限に集めれば無限大になる」という錯覚《さっかく》があります。収束と発散の考え方は、この錯覚への合理的な判定法を与えるものです。

いま述べた錯覚を錯覚たらしめているのは、「無限」という言葉です。「かぎりなく近づく」といった場合も、「かぎりなく」は文字通り「限り無く」で無限にということですから、やはり問題の核心《かくしん》は「無限」にあります。では、「無限」とはいったい何なのでしょうか。この問題は実は、ゼノンがアキレスとカメの運動を「区切って」考えたことと密接な関連があります。ゼノンの議論は、ある時点1でこうであり、所与の条件を満たす次の時点2でこうであり、以下同様（3、4、5、……）というものでした。つまり、思考に1、2、3、……という順番をつけて、同じ理屈が「無限」につづくので、その理屈は正しいというわけです。「そんなの、あたりまえじゃん」と思われるかもしれませんが、少なくとも数学の世界に話を限定するかぎり、この点こそ問題の核心なのです。

思わせぶりな言い方はやめて、結論を先に述べておきましょう。「無限」というと、ともかくデカいものというので、日常的にはただ一つの、ただし漠然としたイメージでとらえられがちです。ところが、数学の世界では「無限」にも大小があって、1、2、3、……というように数えられる（しかし、数えきれない）無限は、実はいちばん小さな無限なのです。そして、アキレスとカメの競走で問われているような「連続」がもつ「無限」はもっと大きな無限であって、1、2、3、……というような扱いができない無限です。そのため、1、2、3、……といった数えられる無限に思考を限定しているかぎり、運動が連続的に行われている場合の「かぎりなく近づく」といった極限の問題はときとして解決不可能になることがあります。「アキレスとカメ」のパラドックスの核心はどうもそのあたりにあるようです。つまりは、清水義範さんが新入女子社員の発言にしのびこませていた「そんなふうに、区切って考えることはないと思うんですけど」という一言が、問題解決のためのヒントを与えていたということです。

順に説明していきますので、仕上げの茶そばでもめしあがりながらお読みください。

1＝0・999……!?

現代人にとって数はきわめて身近であり、かつなくてはならないものです。なんにでも数がついてきます。大半は1、2、3、4、5、6、7、8、9、0と、それらが（十進法で）並んだ数で、これをnatural numberの直訳で「自然数」と呼びます。自然な数というよりも、普通の数といったニュアンスでしょう。自然数にマイナスがついた数も、負債《ふさい》やギャンブルの負けとしてよく使われます。プラス・マイナスをあわせて「整数」と呼びます。しかし、

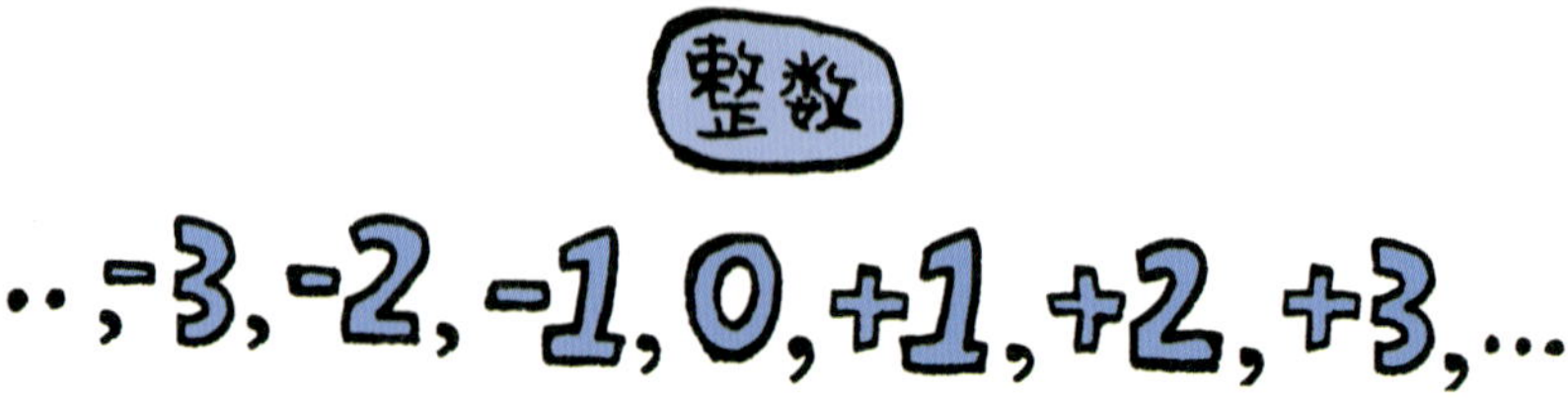

それだけでははっきりしないことが多いので、ニュースでは頻繁に小数が登場しますね。あるいは、「有権者の何分の何がどうこう」というような分数もよく使われます。このような普段に使われている小数（小数点以下がどこかで切られている数）と分数のことを、「有理数」と呼びます。

正確にいえば、有理数とは「比」で表される数のことです。分数が比の別の表現であり、したがって両者が同じものであることは、小学校で学ぶ算数のハイライトです。実際、算数ではど

$$\frac{1}{2}=0.5$$

$$\frac{1}{3}=0.33333....$$

$$\frac{1}{4}=0.25$$

$$\vdots \qquad \vdots$$

んな問題でも比を用いて解かなければなりません。さまざまな代数的手法が自由に使える数学との大きな違いです。ですから、中学お受験のために算数の問題の解き方を丸暗記した生徒は、その後、数学で挫折《ざせつ》することになるのです。それはさておき、

比＝分数＝割り算（分子÷分母）＝小数

ですから、有理数は分数を割り算にした小数のかたちでも表せます。この場合の小数のかたちには非常に顕著な特徴があります。それは小数点以下が、どこか途中で終わる（以下の桁がすべて0）か、あるいはどこかから同じ数字の配列が繰り返されるということです。後者は循環《じゅんかん》小数と呼ばれますが、循環小数が与えられれば、それを簡単に分数のかたちに変換することができます。

このように、有理数は分数と循環小数という二つの顔をもっています。たとえば、三分の一は、割り算を遂行《すいこう》すれば0・333……となりますね。

図の上の式の両辺を単純に3倍すれば、次の等式が得られます。

1＝0・999……

ところが、三分の一の等式については当然という感じで聞き流していても、この等式が出てくると、「おい、おい、待てよ。そりゃ、おかしいぞ」と、突然、いきり立つ人も少なくありません。直感的に「ヘン!?」と思うわけです。

それに対して、よくなされる説明（証明ではありません）が、図のよう

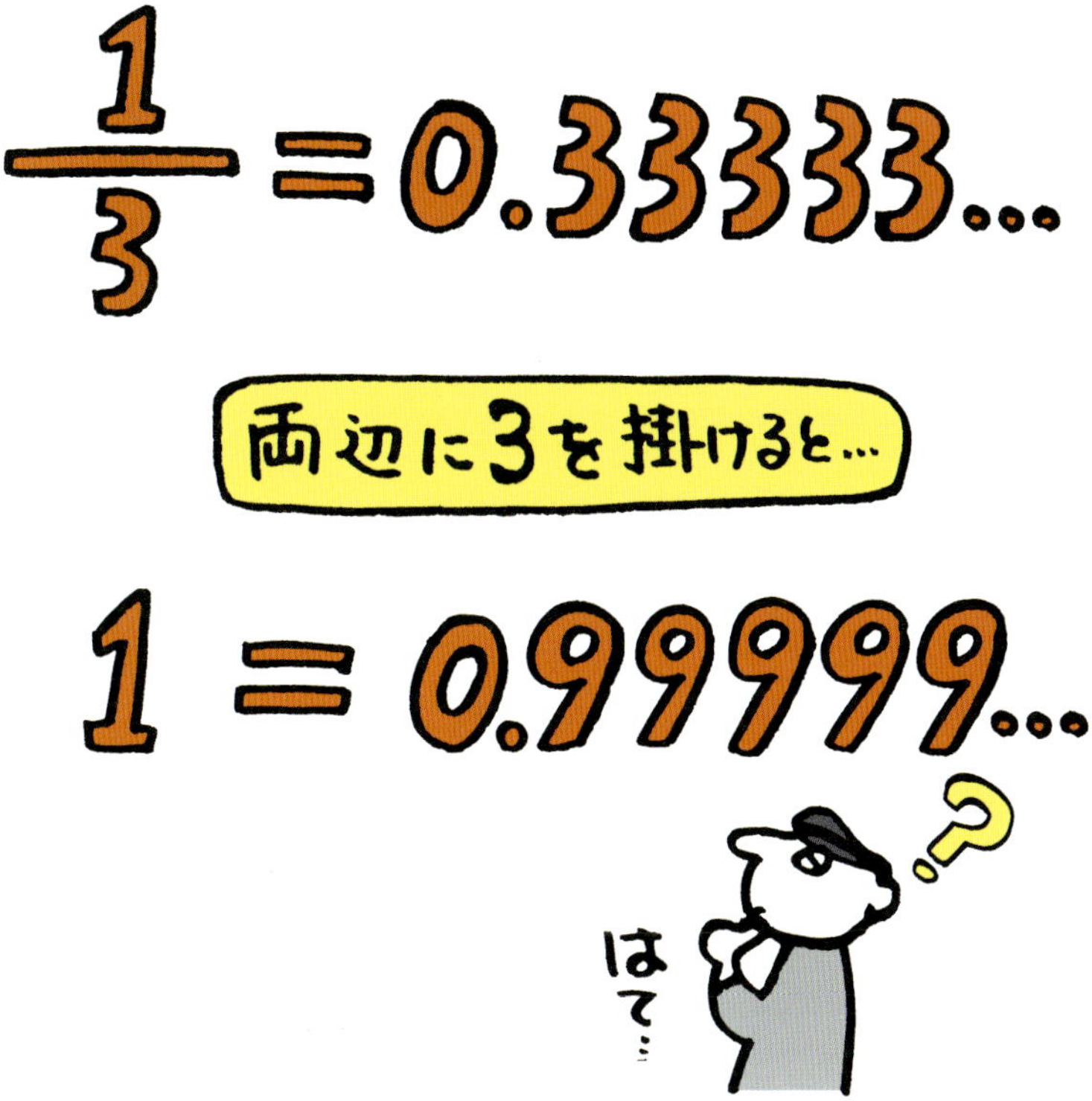

$1 = 0.9999\cdots\cdots$

よくある説明

右辺をxとおく $x = 0.9999\cdots\cdots$

両辺に10を掛ける $10x = 9.9999\cdots\cdots$

$= 9 + 0.9999\cdots\cdots$

よって、$10x = 9 + x$

$9x = 9$

$x = 1$

極限を使った説明

$$0.999\cdots = \frac{9}{10} + \frac{9}{10^2} + \frac{9}{10^3} + \cdots\cdots$$

$$= \frac{9}{10} + \frac{9}{10}\cdot\frac{1}{10} + \frac{9}{10}\cdot\frac{1}{10^2}\cdots\cdots$$

$$= \frac{\frac{9}{10}}{1 - \frac{1}{10}}$$

無限等比級数の和の公式

$$= 1$$

なものです。すなわち、x＝０・９９９……とおいて両辺を一〇倍し、xの部分をまとめるとx＝１が得られるという寸法です。はじめてこれを見る子どもたちは目を輝かせて喜びますが、あなたは納得《なっとく》できますか？

本当をいうと、納得しないのが正解です。というのも、この説明では０・９９９……というう、まだ正確には定義されていないものが、普通の数と同じものとして扱われているからです。ちゃんとやるには、部分和をとって、その極限を考えなければなりません。問題の核心は「アキレスとカメ」のパラドックスとまったく同じで、結局は無限等比級数の和の計算に還元されるということです。

アキレスがカメに追いつくための秘策

有理数というのは大変によくできた数の体系です。まず、計算についてみれば、整数どうしでは足し算、引き算、掛け算はできても、割ると余りが出ることがあるので割り算ができません。その点、分数どうしの割り算もまた分数になりますから、有理数どうしでは四則演算が自由自在にできます。このような数の体系は体《たい》と呼ばれます。

次に、有理数はその大きさによって順序関係を満たしています。しかも、どの二つの有理数をとってきても、それらの順序は一意的に決まります。このような順序がついた数の集まりを全順序集合といいます。

体であり、かつ順序集合である数の体系は順序体と呼ばれますが、順序体には特筆すべき性質があります。それは、「二つの数の間には、かならず他の数が存在する」という性質です。有理

数もむろんこの性質をもっています。ちょっとわかりにくいかもしれませんので説明を補足しますと、どの有理数をとってきても、その有理数のかぎりなく近くに別の有理数が存在するということです。この性質は「稠密《ちゅうみつ》」と呼ばれます。ぎっしり詰まった、といった感じでしょうか。

稠密という性質を使うと、「アキレスとカメ」のパラドックスも、さらに味わい深いものになります。アキレスとカメとの距離をdとしますと、dは0以上で、かついくらでも小さくなり

ます。このようなdは、稠密順序集合では0しかありません。仮に、そうでないとすれば、dは0よりいくらか大きく、すると稠密の性質から0とdとの間に別の有理数（たとえば、$\frac{d}{2}$）が存在することになり、dがいくらでも小さくできるという仮定に反するからです。このような論法を、「背理法」と呼び（ハイリ、ハイリ、ハイリホー）、古代ギリシア以来、有力な証明の手段になっています。背理法の限界が問題になるのは、一九世紀も末以降のことです。

退屈な議論に思われるかもしれませんが、いま述べた論証はアキレスとカメの追いか

けっこにそっくりそのまま当てはまります。ゼノンの議論はステップごとに区切って行われていたので、出てくるのは有理数だけです。そして、アキレスはカメとの距離をいくらでも小さくしていきます。どんな有理数よりも小さくできる0以上の有理数は、稠密性からいって0そのものしかありません。したがって、行き着く先でのアキレスとカメとの距離は0となり、言い換えればアキレスはめでたくカメに追いつくことができる、というお話。

しかし、真の問題はdを0以上として、0を含めている点にあります。あらかじめ

答えを先取りしているわけで、手品のトリックのようなものです。実際、dを「0以上」でなく「0より大きい」（0を含めない）とすると、事情はまるで変わってしまい、この手品は使えません。ですから、もっときちんと考えようとすると、どうしても極限の概念が、そしてその存在を保証するものとしての連続の概念が必要になってきます。「アキレスとカメ」のパラドックスを解くのに極限の概念を持ち出すのは、ネズミ駆除《くじょ》のためにミサイルを発射するようなもので、ちょっと大袈裟《おおげさ》すぎるように思われるかもしれませんが、連続こそ有理数の世界と実数の世界を分ける最大のポイントであり、アキレスがカメに追いつく「最後の一歩」の秘密もそこに隠されているのです。ゼノンは闘争本能旺盛な野獣的直感で、その秘密のありかを察知していたのかもしれません。

ともあれ、「アキレスとカメ」のパラドックスは二〇〇〇年以上もの長い年月にわたり、「数とは何か、無限とは何か、連続とは何か」という問いへのつねに新鮮な思考の糧となってきたのですから、ゼノンの思惑はさておき、極限、ひいては連続への思索へとこのパラドックスをつなげていくことは、歴史的には理に適《かな》ったことといえるでしょう。

第4章

アキレスとカメがほのめかした謎

万物は比にしたがう

現代のわたしたちは、有理数でない数、すなわち無理数の存在を、頭ではよく知っています。2の平方根$\sqrt{2}$や、円周率πなどがそうです。記憶力のいい人なら、

$\sqrt{2}=1.41421356\cdots\cdots$

$\pi=3.14159265\cdots\cdots$

くらいまでは、独特の暗記法で憶《おぼ》えているかもしれません。この……の部分には、どこまで行っても同じ数字の並びが繰り返されることがない、したがってけっして循環小数にはならず、言い換えれば分数（有理数）にすることができないことも、一度は耳にされているでしょう。その不規則さが、天気情報や生命保険の確率計算に必要な乱数《らんすう》として利用されたことがある事実をご存知の方もいるかもしれません。

しかし、頭でわかっていることと、それを思考に取り入れることとは別問題です。現代社会は、基本的には有理数的な社会だとわたしは思っています。このことは次章でもう少し詳しく述べることにします。

ゼノンが活躍した古代ギリシアでは、無理数はまだ正式には認められておらず、数といえば有理数のことでした。その伝統の嚆矢《こうし》となったのが、ピュタゴラスです。そう、「ピュタゴラスの定理」別名、三平方の定理で有名な、あのピュタゴラスです。ピュタゴラスは数を万物のアルケー（元になるもの）と考えましたが、彼がいう「数」とは有理数以外の何ものでもありませんでした。ですから、万物が数にしたがうということ

は、万物が比にしたがうという意味に他なりません。かくて、世界と宇宙は比の調和（ハルモニア、ハーモニー）を奏《かな》でる、というわけです。

　ピュタゴラスの定理は、ピュタゴラスが発見したかのように思われているふしもありますが、事実としてはメソポタミアやエジプトの書記たちがはるか以前から知っていたことで、いわば人類が共有する知的財産です。ピュタゴラスはそれを新興ギリ

シアに伝えたということでしょう。発明・発見者ではなく、それを伝えた人の名前がつくということはよくあることです。

もう一つの重大な誤解に、ピュタゴラスの定理は未知の距離（長さ）を既知の距離（長さ）から導き出す方法を与えた、というものがあります。ここでなぜあえて「誤解」というかというと、この「定理」はユークリッド幾何学の体系内では定理ですが、実際には平面上の距離（長さ）をこの公式で決めましょうという「定義」とも解釈できるからです。地表は現実には丸く、かつ局所的にゆがんでいるので、厳密にいえばこの「定理」が成り立たないところもあります。しかし、近似的にはこれで十分で、土木工事などのための測量に使われていたのでしょう。もっとも、こうした認識が生まれるのは一九世紀前半、ガウスとリーマンという二人の天才が出てからですから、それまでは今日の常識どおり、ピュタゴラスが発見した幾何学上の最古の真理の一つとみなされていました。

不合理な数

ピュタゴラスにとって万物のアルケーである「数」は有理数に他ならなかった、といいました。ところが、ピュタゴラスの定理が真だとすると、いきなり有理数ならざる数が出現してしまいます。この、正方形の対角線の長さが有理数にならないことについては、後にユークリッドが背理法によるみごとな証明を与えています。

有理数は英語では rational number で、rational は通常「合理的、理性的」の意味で使われるので、このような訳語になったようです。しかし、ここでいう rational は「ratio をもつ」の意味で、ratio とは比のことです。つまり、rational number は本来「有比数」と訳されるべき言葉だったわけです。それに対して、比をもたない数、「無比数」が irrational number です。これを無理数と訳すと、「無理が通れば道理がひっこむ」で、不合理な数、理性的でない数のような印象を受けますね。

「不合理ゆえにわれ信ず」ではありませんが、古代ギリシア人たちにとっても、有理数ならざる数の存在は、ついに解くことあたわざる神々からの託宣《たくせん》でもありました。いわゆるギリシアの三大作

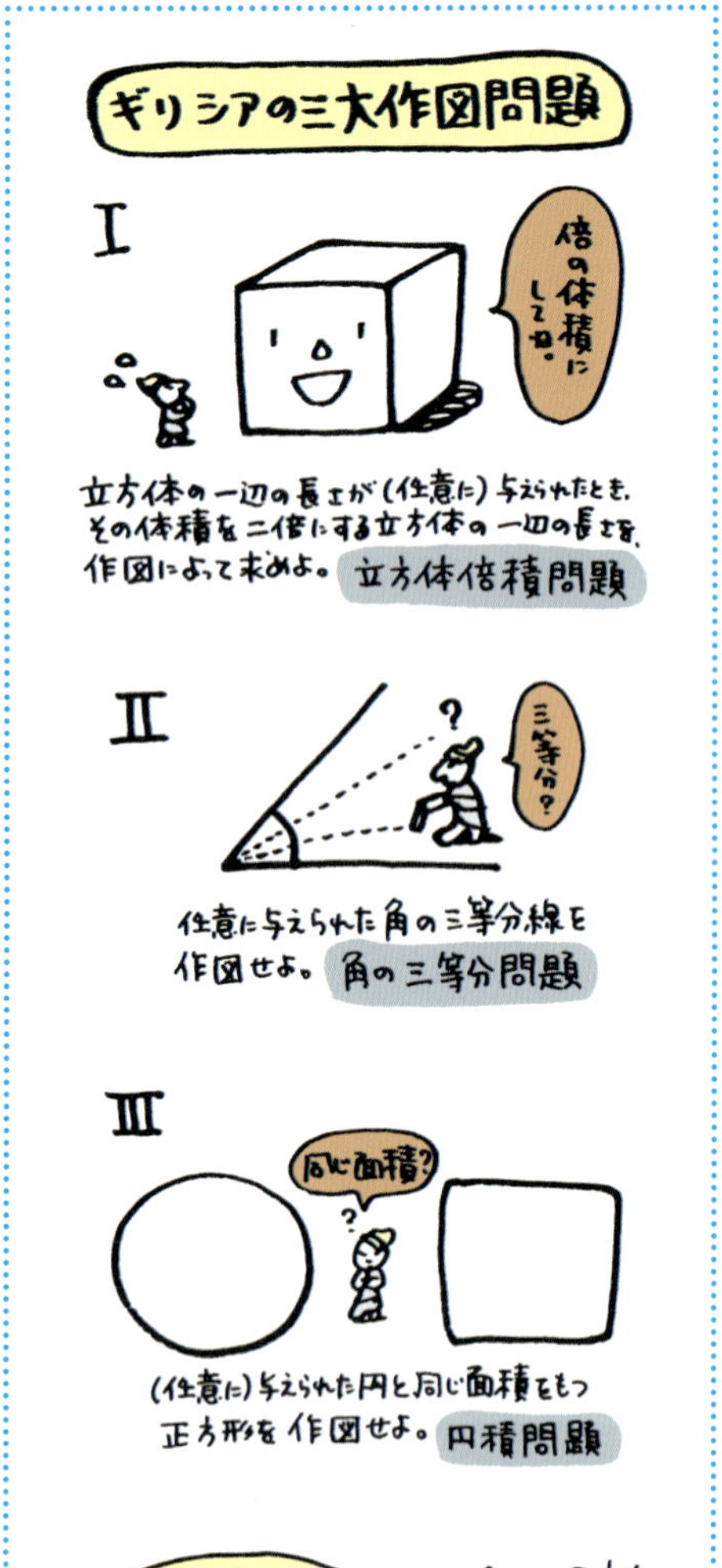
ギリシアの三大作図問題
I
倍の体積にしてね。
立方体の一辺の長さが(任意に)与えられたとき、その体積を二倍にする立方体の一辺の長さを、作図によって求めよ。
立方体倍積問題
II
?
三等分?
任意に与えられた角の三等分線を作図せよ。
角の三等分問題
III
同じ面積?
?
(任意に)与えられた円と同じ面積をもつ正方形を作図せよ。
円積問題
ホントに定規とコンパスだけで作図できるの?

図問題のうち二つが、無理数に関わるものです。そのうち円積問題の出どころとされる、神託で有名なデルポイのアポロン神殿に関して、ヘラクレイトスの言葉として伝えられている断章の一つに、次のような、非常に含蓄《がんちく》のある名言があります。

「デルポイの神殿の主は、語らず、隠さず、ほのめかす」「語らず、隠さず、ほのめかす」のは、ギリシア人たちがピュシスと呼んだ自然の本質でもあるでしょう。「アキレスとカメ」のパラドックスは、そうした自然からの「ほのめかし」だったのかもしれません。

有理数の穴埋め

有理数は非常によくできた数の体系であり、日常生活を営むうえでは有理数だけで十分に間に合います。また、有理数を大小順に直線上に並べますと（全順序集合なのでそういうことが可能です）、あたかも直線上の点すべてを埋め尽くしているかのように見えます。稠密性からいっても、ぎっしり詰まっていることは確かです。ところが、実際にはいたるところ穴だらけなのです。それを知るには、有理数の小数表示を思い出していただければいいでしょう。有理数は循環小数として表せました。その一つをかってにとってきて、小数点以下の適当な位の数字を順次変えていくと、簡単に循環性をこわすことができます

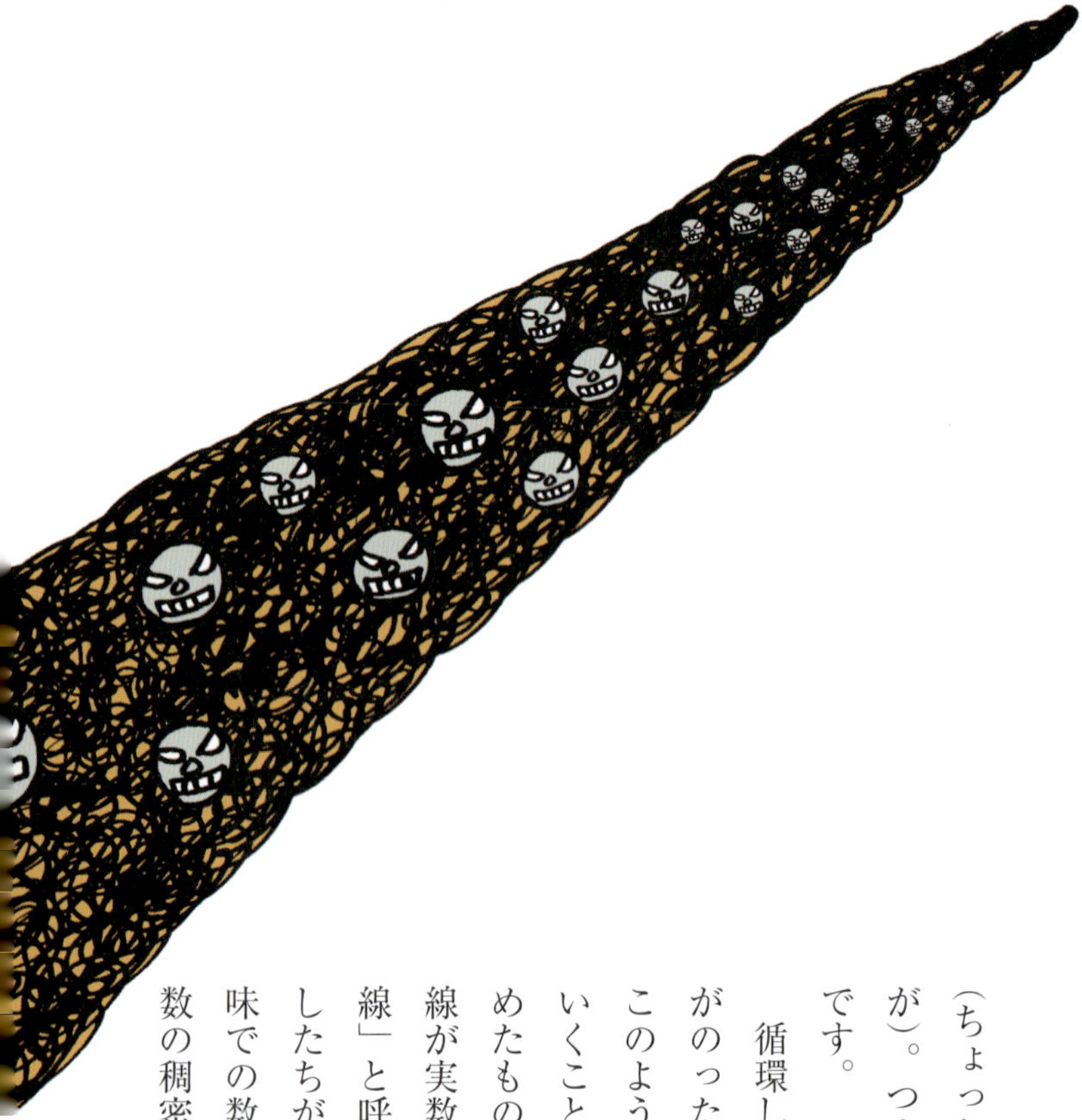

（ちょっとしたテクニックは必要ですが）。つまり、無理数がつくれるわけです。

循環しない小数も大小関係で有理数がのった直線上に配置できますから、このようにして、直線上の穴を埋めていくことができます。すべての穴を埋めたものが実数であり、それを表す直線が実数直線、あるいは簡単に「数直線」と呼ばれるものです。現代のわたしたちがイメージする直線は、この意味での数直線です。数直線上でも有理数の稠密性は保持されますが、そればかりでなくどんな二つの実数の間にも有理数が存在することが示されます。このことを、「有理数は実数の中で稠密である」といいます。実数が数直線をすきまなく埋めており、その中に有理数がぎっしり詰まっている、といった感じでしょうか。

有理数の穴を埋めて実数を構成するのに要請されるのが、「連続の公理」です。これには論理的に等価ないくつもの定式化がありますが、ここではイメージしやすい

「デデキントの切断」と呼ばれる公理を紹介しておくにとどめましょう。

数直線を、かってに大小二つの集合*A*、*B*にバッサリと分け（重なりもすきまもないものとします）、これを切断〈*A*、*B*〉と呼ぶことにします。このとき、論理的な可能性は以下の四つです。

① *A*に最大の数は存在せず、*B*に最小の数が存在する。

② *A*に最大の数が存在し、*B*に最小の数は存在しない。

③ *A*の最大の数も、*B*の最小の数も、共に存在しない。

④ *A*の最大の数も、*B*の最小の数も、共に存在する。

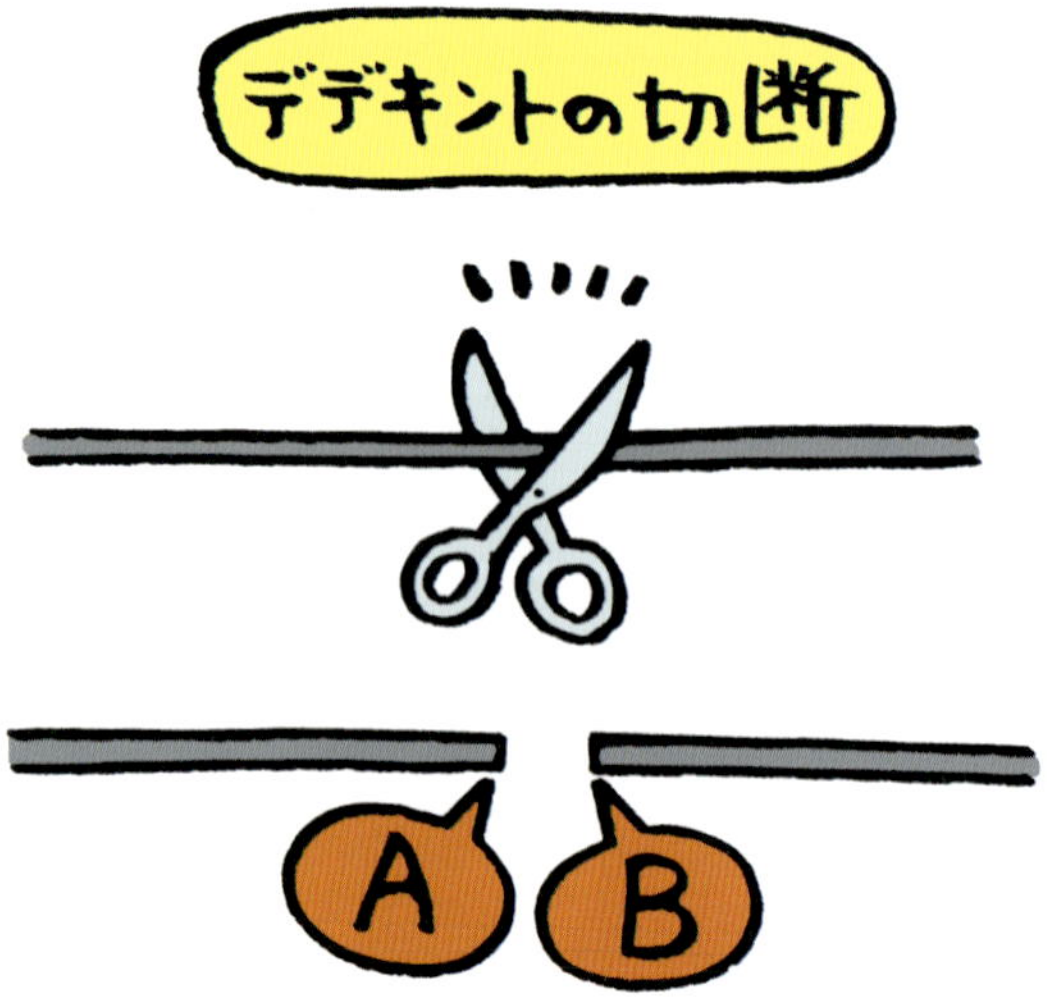

そして、数直線上では、どのような切断をとってみても①か②のいずれかしか可能でないとしたのが、デデキント流の「連続の公理」です。

ちょっと説明を補足しておきますと、④のケースは、順序体の稠密性に反するので起こりえません。③のケースは、「かぎりなく近づいたはいいが、そこには穴が開いていた」という場合で、有理数だけでものごとを考えているかぎり、こういうことも起こりえるのです。①または②のケースしかないと要請することで、かぎりなく近づいたときの極限の存在が保証され、数直線上のすべての穴がすきまなく埋められます。これをもって「連続」の厳密な定義としようというわけです。

実数は「連続の公理」を満たすので「連続体」とも呼ばれますが、連続体の不思議な性質が次々に明るみに出されたのは、一九世紀の後半、カントールが集合論を創始してからのことでした。なかでも人々を驚かせたのは、連続体の無限は1、2、3、……というような数えられる無限よりも真に大きい、という事実でした。無限にも大小があるなんてことは、それまでだれ一人思いもよらなかったのではないでしょうか。夢想した人はいたかもしれません。しかし、カントールは実際に計算までしてしまったのです。しかし、この話はまたの機会に、ということにしておきましょう。

「アキレスとカメ」のパラドックスがほのめかした謎は、長い長い熟成《じゅくせい》の年月を経て、一九世紀に一気にそこに秘められた真理を開花させていきました。まず、「かぎりなく近づく」という極限の概念が、厳密に定義されます。それに呼応して、連続性を規定するためのさまざまな試みがなされ、「連続の公理」のかたちに練《ね》り上げられていきました。そして、実数の連続性についての深い思索が無限への新たな視点を与え、そこからもっと巨大な無限の謎が出現したのです。

第5章

時間はいつ、動くのか

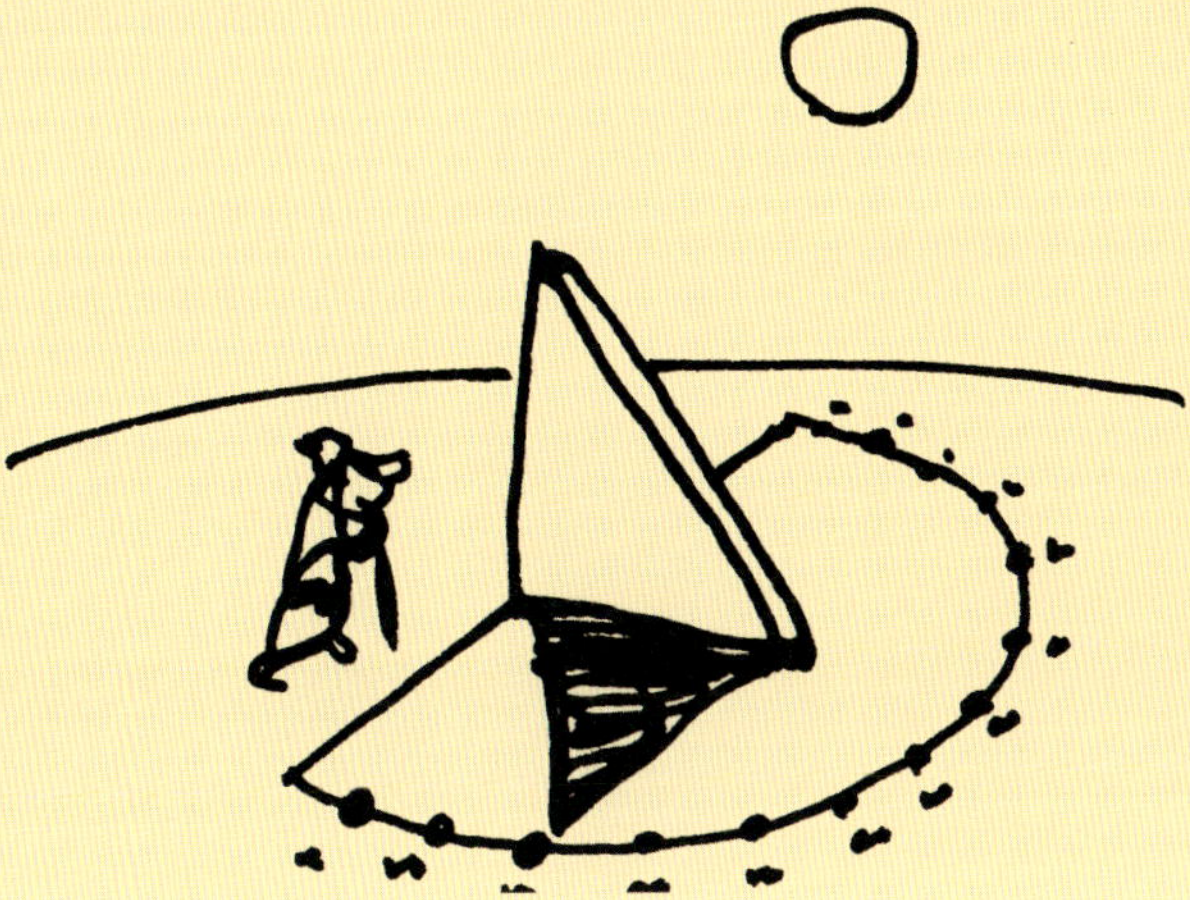

動くための最初の一歩

「アキレスとカメ」は、アリストテレスが『自然学』のなかで論じているゼノンの四つのパラドックスのうち二番目のものでした。この章では、のこり三つのパラドックスについて見ていきましょう。

第一のパラドックスは、「移動するものは、目的点へ達するよりも前に、その半分の点に達しなければならないがゆえに、運動しない」というものです。ある区間（あるいは同じことですが、ある時間）を半分、その半分、そのまた半分……と、区切っていく論法なので、古来、「二分法」とも呼ばれています。この議論が「アキレスとカメ」とまったく同等であることは一目瞭然ですね。「アキレスとカメ」のスタートの点とゴールの点、および進行方向を逆にすれば、この第一のパラドックスになります。すなわち、「アキレスとカメ」ではアキレスがカメに追いつく「最後の一歩」が問題であったのに対し、ここでは動くための「最初の一歩」が問われているのです。

これまでわたしたちは、このような「最後の一歩」がかならずしも存在するわけではないことを見てきました。1、2、3、……と、区切って考えていくかぎり、言い換えれば有理数の世界にとどまるかぎり、どこまで行ってもこの「最後の一歩」は埋まらないこともあります。その限界を超えて、つながりを回復させたのが実数の世界でした。実数の世界には「連続の公理」という要請がありま
す。公理ですから、証明できるものではありません。一種の約束事です。連続といえば、漠然とつながったものを思い浮かべがちですが、数学では「連続の公理」を満たすもののみを連続と呼びます。推理小説で連続殺人事件というものがありますが、あれは数学的にいえば不連続殺人事件なのです。

飛ぶ矢は飛ばない!?

第三のパラドックスは、「移動する矢は停止している」というもので、ゼノンの論法は以下のようなものでした。「もしどんなものもそれ自身と等しいものに対応している〔それ自身と等しい場所を占める〕ときには常に静止しており、移動するものは今において常にそれ自身と等しいものに対応しているならば、移動する矢は動かない」

このパラドックスは「飛ぶ矢は飛ばない」とも表現され、哲学の分野では「アキレスとカメ」以上に有名です。前の二つのパラドックスも、距離的な長さばかりでなく、同等な意味で時間の問題としても扱えましたが、「飛ぶ矢」のほうがより直截《ちょくせつ》に「時間」を問題にしているよう

に見えるからでしょう。そのため、歴史的にもいろいろな解釈があります。

しかし、これまで見てきた数学の世界、あるいは数学化された物理学の立場からいえば、「速度とは何か」という観点に話がしぼられます。小学校で習う速度は、厳密にいえば平均速度ですが、「道のり÷時間」で定義されましたね。この時間をかぎりなく小さくしていったものが瞬間速度です。そのとき、道のりもかぎりなく小さくなりますから、結局、瞬間速度は0分の0になりますが、これが0にも無限大にもならないところがミソです。すなわち、速度は極限（微分）で定義され、つまるところものの運動というのは実数の連続性のうえに可能になるのです。

運動と時間の本質論

第四のパラドックスは、「競走場のパラドックス」と呼ばれています。このパラドックスは図示したほうがわかりやすいでしょう。図で、1のようにBとCが反対方向へ同じ速さで移動し、2で止まったとします。BからAを見れば2ブロック移動していますが、Cを見れば4ブロック移動しています。1ブロックを通過する時間は同じですから、Bの移動時間は2ブロック分であると同時に4ブロック分であることになります。すなわち、「半分の時間がその二倍の時間に等しい」というわけです。

このパラドックスは話が具体的で、だれでも錯覚だとすぐにわかるので、アリストテレスは『自然学』のなかで盛んに論駁《ろんばく》していますが、その後はあまり問題にされないようです。しかし、通常そう受け取られているような相対速度の錯覚というよりも、ゼノンの観点としては「飛ぶ矢は飛ばない」と同様、運動や時間の本質への問いであったと見るべきでしょう。

トンネル効果におまかせ

さて、これまではゼノンのパラドックスについて、数学の世界あるいは数学化された物理学の世界に限定して話を進めてきました。では、現実の世界、自然界ではどうなのでしょうか。

現代物理学によれば、理論的考察を無限小にまで及ぼすことは原理上、不可能とされています。ミクロへミクロへと降りていくと、いつしか量子論の世界に突入し、そこには不確定性原理によって最小の大きさと最短の時間間隔が存在するからです。プランク長、プランク時間と呼ばれるこれら最小単位の範囲内では、空間の広がりも時間の進行も、通常の物理学的な意味を失ってしまいます。

ただし、「在るものが無く、無いものが在る」という、パルメニデスとゼノンが嫌悪《けんお》した存在確率の幅が零点振動を生み、結果的にはトンネル効果と呼ばれる現象を引き起こします。「かぎりなく小さなところは考えることもできないが、結局はうまく行くのだよ」という予定調和の世界です。「アキレスとカメ」の「最後の一歩」も、「二分法」の「最初の一歩」も、トンネル効果におまかせ！

量子レベルの世界が非現実的に思われるなら、もっと普段の生活意識に即した現実的なスケールの話に戻りましょう。その際、とくに時間の問題を考えるためには、脳科学の知見が示唆《しさ》的です。わたしたちが何かを知覚し、何かを意識し、何かを意志するとき、わたしたち自身は「瞬時に」そうした意識活動を行っていると思いがちですが、実際にはつね

に若干《じゃっかん》の遅れが生じています。

　意識も脳の電気活動であることを考慮すれば、それも当たり前のことではあるのですが、その遅れが、〇・三秒とか〇・五秒とか、予想以上に長いという実験結果があります。わたしたち（の意識）は、世界と同時的に生きているのではなく、いつもほんの少しずつ遅れながら世界を追いかけている、ともいえるでしょうか。もちろんこの追いかけっこ、どこまで行ってもけっして追いつくことはありません。どこか、「アキレスとカメ」の状況に似ていますね。

「アキレスとカメ」のパラドックスも、数学の世界では二五〇〇年の歳月をかけて、「連続の公理」を満たす実数の概念を定式化することで、理論的には解決しました。しかし、わたしたちが住む現実の世界は、それを数学的な実数の世界と同一視しないかぎり、このパラドックスへのスッキリとした解答をいまだに拒んでいるように、わたしには思われてなりません。

意識の不連続性

もちろん、現代人の常識でいえば、建て前では時間も空間も実数的な連続性をもつものとして捉《とら》えられています。「時間とは何か」と問われれば、大半の人が一方向に一定速度で流れる数直線上の運動を、あるいはその数直線そのものをイメージされるでしょう。また、「空間とは何か」と問われれば、多くの人が三つの実数の組み合わせで位置が決まる、どこまでも広がった空っぽの座標空間を思い浮かべるはずです。しかし、それはあくまでも建て前であって、わたしたちの普段の思考形態はどこまでも有理数的です。なにごとも「区

切って」考え、「連続の公理」が欠けています。人間の意識のあり様《よう》は、ゼノンの時代からそんなに変わってはいないのかもしれません。

世界は、自然は、おそらくは連続性をもつものでしょう。世界の、自然の、豊かさの源泉も、おそらくはそこにあると思います。しかし、わたしたちの意識はいつもそれに少しずつ遅れながら、しかも一つ、一つと不連続な歩みでその後追いをしています。自然の美と崇高《すうこう》さに心を打たれるとき、あるいは「ひらめき」のような啓示《けいじ》としかいいようのない体験をするとき、わたしたちは自然の連続性に一瞬触れているのかもしれません。

現代は情報社会です。情報量はますます増大し、情報爆発とまで呼ばれています。ところが、『ユーザーイリュージョン』の著者ノーレットランダーシュは「情報社会がストレスに満ちているように思われるのは、情報が多すぎるからではなく、少なすぎるからだ」と指摘しています。あふれている情報はすべて、見かけはどうであれ基本的にはデジタル情報です。区切られた情報、有理数的な情報にすぎません。もし自然が連続体なら、そこに蔵された情報は実数のもつ無限大（連続濃度）であり、有理数的な数えら

れる無限大をはるかに超越《ちょうえつ》しています。そうした連続の無限大からますます遠ざけられているのが、今日の情報社会の現実です。その意味で、わたしたちは「少なすぎる情報にストレスを感じている」というわけです。

合理性には越えられない限界があります。数学用語に託《たく》していえば、合理性（有理数）は不合理性（無理数）に支えられてはじめて「完備」されるのです。いささか深読みかもしれませんが、ゼノンのパラドックスを真剣に考えてみて、そんな感想を抱きました。

「アキレスとカメ」の話はこれでおわりです。一応、中締めということで、本書の見方をまとめておきましょう。

数学的世界では、有理数に話を限定するかぎり、アキレスがカメに追いつけないケースもありえます。しかし、「連続の公理」を要請して実数にまで話を広げれば、アキレスはカメに追いつき、パラドックスは解消される、というものでした。

現実の世界、自然が連続体であるか否かは、わたしたちにはわかりませんし、またそれ

無理数的食べ物
もち
とうふ
こしあん
ポタージュスープ
かまぼこ
勝手にグループ分け。
中間？
つぶあん
おかゆ
納豆
ごはん
煮豆
あまなっとう
ポトフ
やきとり
有理数的食べ物

を知るすべもありません。しかし、「自然よ連続であれ」と要請することで、わたしたちは安心してアキレスとカメの追いかけっこを見物することができるのではないでしょうか。

第6章

いにしえの結びつきを追って

自然をありのままに見直す

哲学は古代ギリシアに始まりますが、哲学の祖と呼ばれているのがミレトスのタレスです。タレスはまた、数学の祖とも自然科学の祖とも呼ばれることがあります。要するに、哲学、数学、科学は同時にその運動を開始したといっていいでしょう。もちろん、最初からそんな学問分野の区別があったわけではありません。タレスはただ自然をありのままに見直そうとして、自分の見方を自分なりの言葉で語り始めたのだと思います。

その後、タレスに続いて登場する少なからぬ数のユニークな思索家たちにしても、同様

です。おもしろいことに、かれらはみな『自然（ピュシス）について』というタイトルの書物を書いたと言い伝えられています。史実がどうであれ、この言い伝えからも、かれらが何を目指していたかがうかがい知れます。一九世紀に哲学史のオーソドクシー（定番）が確立して以降、これらの思索者たちは、前述したように「ソクラテス以前の哲学者たち」と呼ばれるようになりましたが、この名称は「人間の学としての哲学はソクラテスに始まる」という主張の別の表現にもなっており、わたしはあまり好きではありません。

ゼノンとの関係でとくに重要な先行する思索家たちを挙げるとすれば、ピュタゴラス、ヘラクレイトス、それに直接の師であるパルメニデスとなるでしょうか。ピュタゴラスが「万物のアルケーは数である」と見たこと、その場合の「数」とは単位の分割から生じる有理数であったことについては、すでに述べました。ピュタゴラスという人はなかなか奥が深く、その全体像を捉えるのはむずかしいのですが、少なくとも比に基づく合理性という考え方を最初に提起した人物であったということはできるでしょう。いわば、「有理数的思考の祖」です。彼の思想は、それを伝えたプラトンの著作を介して、後世の哲学と科学の発展に圧倒的な影響を与えることになります。

ヘラクレイトスとパルメニデスはほぼ同時代人で、よく対比して語られます。生成の哲学と存在の哲学、動と静、多と一、といった具合です。両者の対立を軸にその後、ソクラテスまでの哲学史の流れを整理するのも一興ですが、ここではゼノンの師パルメニデスについてのみ簡単に触れておきましょう。

ゼノンのお返し

パルメニデスの中心的思想は、次の二つの言葉に要約されます。

Ａ「思考することと存在することとは同じである」

Ｂ「必要なのは、ただ在るもののみが在るといい、かつそう考えることである。なぜなら、在るものは在り、無いものは無いからだ」

Ａは、パルメニデスがこの通りに述べているわけではありませんが、ヘーゲル以来の一般的な解釈です。Ｂはいわゆる排中律や矛盾律の最初の言明です。いずれにしても常識人から見れば極端な考え方ですから、当時からいろいろな反論や嘲笑《ちょうしょう》があったのでしょう。ゼノンのパラドックスが登場するのは、そんな状況のなかででした。プラトンはゼノンに、四つのパラドックスを提起した自分の論文の目的を、こう語らせています。

この論文のそもそもの意図は、もし一切が一であるとするなら多くのおかしな矛盾した結果が生じるとして、パルメニデスの説を嘲笑しようとする者たちに対して、彼の説を擁護することにある。だからこの論文は、一ではなく多の存在を主張する人々に反論し、同じ嘲笑を、しかももっとたっぷりとお返ししてやるためのものなのだ。これはこういう闘争意識から、わたしがまだ若い頃に書いたものなのだ。

ゼノンのパラドックスが再び広く人々の関心を集

めたのは、一七世紀になってからで、「連続体の迷宮」という名称で取り上げられました。ただし、連続体とはいっても、あくまでもいまだ漠然とした一般的な命名であって、連続の公理の導入による厳密な意味での実数の概念化はまだまだ先の話です。

一七世紀は近代科学が発展を開始した時代です。科学思想の面では三人の重要人物がいます。ガリレオ・ガリレイ（一五六四～一六四二 伊）、フランシス・ベーコン（一五六一～一六二六 英）、ルネ・デカルト（一五九六～一六五〇 仏）の三人です。

ガリレイは物体の運動を問題にするとき、大きさと形だけに着目して、色や匂《にお》いなどは無視していいとしました。前者が、後にいう第一性質、後者が第二性質です。ポイントは、第一性質は数量化が可能であること。これによって、物体の運動が数字に置き換えられ、ひいては数学的な計算に還元できるようになったわけです。「自然は数学で書かれた書物である」というガリレイの言葉の真意はそこにあると思います。微積分が誕生する以前の話ですから、数学とはいっても十分な解析ができるほどの道具立てはまだありませんでした。ですから、この言葉、「自然は数字で書かれた書物である」と言い換えたほうが、より正確かもしれません。

「万物のアルケーは数である」というピュタゴラスの思想と、どこか響《ひび》き合っていると思いませんか。

ともあれ、ガリレイは自身で考案したさまざまな実験や観測によって、自然の数字化を実践しました。こうして「自然学」はアリストテレス以来の目的論的説明という余分な部分を脱《ぬ》ぎ捨て、近代的な「物理学」へと文字通り「脱皮《だっぴ》」を遂《と》げていったのです。

「知は力なり」の危うさ

ベーコンはイギリス経験論の祖、デカルトは大陸合理論の祖と呼ばれ、方法的にはベーコンが帰納《きのう》法を、デカルトが演繹《えんえき》法を重視した、というのが一応は教科書的な常識です。ベーコンが帰納法を重視したのは、「自然は、服従することによって支配される」という彼の言葉に端的に示されているように、それによって自然の支配が可能になると考えたからです。人間よ、まずは奴隷《どれい》のように自然に従い、自然の働きをよく観察して、その秘密を盗め。そしたら今度はそこで得た知識を逆手にとって自然を支配せよ、というわけです。

ベーコンの有名な「知は力なり」という主張もそこから出てきます。古代ギリシアの自然（ピュシス）の見方とは大違いですが、その後、四〇〇年も人類はこの主張のままに科学技術を発展させ、自然の支配に邁進《まいしん》してきたのですから、それがよかったのかどうかは別にして、大変な予言的プログラムだったといえるでしょう。

デカルトは万能人でいろいろなことに手を染めていますが、科学思想史から見れば、やはり思惟《しい》と延長の二元論の影響が絶大だったと思います。思惟と延長は、精神と物質、心と体などなどに言い換えられますが、この二元論によって、人体を含め自然界のあらゆるものが、どこにもあってどこにもない精神なるものから解放され、近代科学の攻略対象になりえたからです。

数学史におけるデカルトの功績は、座標幾何学の提案です。また、『方法序説』を読むと彼が数学から多大な影響を受けていたことがよくわかります。ただ、数学者と呼ぶには、デカルトはあまりにも万能人でありすぎたようにも思えます。それに対し、骨の髄《ずい》まで数学者だった（とわたしが考える）のが、同時代に生きたブレーズ・パスカルです。いずれにしても、この頃の哲学者たちの多くが、パスカルやライプニッツを筆頭に、一流の数学者でもありました。数学と哲学はまだ不可分なものだったのです。

数学と哲学の別離

さて、一八世紀末から一九世紀前半にかけては、政治的にも文化的にも現代を準備する大きな転換が起こりました。数学史ではガウスの時代といっていいでしょう。アーベルとガロアが一瞬の大輪を花咲かせたのもこの頃です。哲学史では、なにはさておきカント、フィヒテ、シェリング、ヘーゲルとつづくドイツ観念論の時

代です。数学者たちはその思考を数学に集中させていき、哲学の舞台からは姿を消しましたが、哲学者たちはまだ数学に関心を寄せ、数学について多くを語っています。ただ、数学の急速な発展が、哲学者たちが語る数学と齟齬《そご》をきたし始めます。

たとえばヘーゲルを例にとりますと、彼は『大論理学』のなかで微積分について非常に詳しく論じています。それもたんに興味本位で取り上げたのではなく、ヘーゲルにとって重要なテーマだったようで、改訂版ではその考察はさらにふくらんでいきます。ところが、まさに同じ頃、数学者の世界ではコーシーが ε—δ 論法

による極限と微分の厳密な定義を完成させてしまうのです。結局、ヘーゲルの力作は数学者にとっては何の意味もない紙くず同然のものになってしまいました。このあたりから、数学と哲学は完全に別々の道を歩んでいきます。

もう一方では、アリストテレス以来二〇〇〇年以上つづいた伝統的な形式論理学を変革しようという流れがあり、一九世紀後半にはカントールが創始した集合論と合流して、数学と論理学の一大戦乱時代が訪れ、そこから哲学の世界にも、新しく生まれた論理学に依拠《いきょ》した流派がでてくるのですが、その話はここまでとします。

ヘーゲル以後、哲学者が同時代の数学について

語ることはまれになりましたが、哲学者たちの数学への関心がまったく消失したというわけではありません。また、数学から哲学への、いわば文転組も両者の関係を保つのに一役買っているようです。大哲学者の例では、現象学の創始者フッサールが哲学に転向するまではワイエルシュトラスの下で数学を研究していましたし、日本では田辺元が数学科から出発しています。取るに足りないささいな例では、かく言う筆者もそうです。「どうして数学から哲学へ」とよく訊《き》かれますが、そういう人間はわりと数多くいます。逆のケース、つまり文系から数学へ移った人も、そう多くはありませんが、何人かは知っています。

現在の教育や入試にだけ目を向けていると、数学ができれば理系、できなければ文系というおよそ無思想・無節操な選択になりかねませんが、数学と哲学、ひいては理系と文系はまったく別のものというわけではありません。哲学つまりは「知を愛する」という行為が産声を上げたとき、学としての数学も同時に生まれ、両者は二〇〇〇年前までは分かちがたく結びついていました。数学も哲学も専門化が進み、むずかしくなりすぎているのは事実ですが、いにしえの結びつきをもう一度取り戻す時期に来ているのではないでしょうか。そしてそのためには、「アキレスとカメ」のような由緒《ゆいしょ》ある問題を、先入見にとらわれることなく考え直してみることも意義のあることではないかと思います。

人間に理系・文系のちがいがあるのではありません。同じように、学問にも本来はそのようなちがいはないはずです。どんな学問にしても、「知を愛する」という行為であり、その意味では哲学の一部であるともいえます。そして哲学を刺激し活性化してやまないのが数学です。ですから、文系の人ほど数学に関心を持ってほしいし、理系の人にも哲学を含む文系の学問への興味を失わないでほしいものです。

エピローグ

ゼノン、闘争意識に死す

タレスについてのエピソードでわたしが好きなのは、プラトンの『テアイテトス』のなかの次のような話です。

タレスが天空の星々の運行について熱心に考え、上を向いて歩いていて、井戸の近くにあった溝に足をとられてころんだ。井戸にいてそれを見ていたトラキアの機知に富んだ美

しい下女が、こう言ってタレスをひやかした。『あなたは天空のことを熱心に知ろうとしていますが、自分の目の前や足許にあるものには気がつかないのですね』と。同じひやかしは、およそ哲学的な生を営むすべての人々に当てはまる。

最後の一文、現代ではむしろ数学者にこそ当てはまるかもしれません。最近の例では、一〇〇年来の未解決問題であったポアンカレ予想を解いたロシアの数学者グリゴリー・ペレルマン。フィールズ賞を辞退したため、当初は奇行の多い謎の人物として報道されました。しかし、たとえばジョージ・G・スピーロ著『ポアンカレ予想』などを読んでみると、伝わってくるのはとびきり頭がよく、繊細《せんさい》で誠実な、つまりは典型的な天才数学者の肖像です。徹底した車嫌いにも、爪を切らないのにも、いつも同じ服を着ているのにも、フィールズ賞をもらわないのにも、そこには一貫した論理があるのです。

世間の論理ではなく、自分が見出した普遍の論理に従う。それこそヘラクレイトスがロゴスと呼んだものの本質でしょう。「人間が万物の尺度である」（プロタゴラス）のではけっしてなく、ロゴスの声なき声を聞き取る耳を持つ者こそ真の哲学者であり、その意味でペレルマンは古代の哲学の創始者たちの正統な末裔《まつえい》といっていいかもしれません。「アキレスとカメ」のようなユニークなパラドックスを創造したわれらがゼノンも、そんな意味での筋金入りの哲学者でした。人の生き方はその死に方に象徴的に表されることがあります。教団に反発する暴徒たちに焼き殺されたピュタゴラス、家畜小屋に閉じこもって糞尿《ふんにょう》にまみれて死んだヘラクレイトス、エトナ山の噴火口に身を投げたエンペドクレス、などなど。ただし、どの哲学者をとってもその死についての複数の伝承《でんしょう》があり、どこまでが本当かよくわかりません。ゼノンの最期についてもディオゲネス・ラエルティオスはいくつかの伝承を並べています。そこでわたしも古代の哲学史家たちに倣《なら》って、多少粉飾したかたちでゼノンの最期を紹介し、本書を閉じようと思います。

ゼノンは晩年、エレアの僭主《せんしゅ》に反抗したために拷問《ごうもん》にあい、死刑を宣告されました。伝説によれば、ゼノンは死刑の直前に、「お耳に入れたい秘密の情報がある」と偽《いつわ》って僭主に近づき、その耳にかみついたそうです。そして、首を斬《き》られても、その頭は「闘争意識から」僭主の耳にかみついたまま離れなかったといいます。

自分が見出した普遍の論理に従う者。

あとがき

最近、「論理的思考」ということばをよく耳にします。良識的にいえば、どんな考えでもそれが客観性をもちうるためには論理に則っていることが必要なのですから、このことばは同語反復のようにも思えます。それなのにあえて「論理的」であることが強調されるのは、わたしたちの普段の思考がいかに思い込みや直感、感情に流されやすいか、またいかに論理性を欠いた雰囲気や空気にのまれやすいかの証拠でしょう。

そのために「論理的思考」を謳った本の多くは、簡単な推理規則の応用と練習に終始したり、あるいはアメリカ流のディベート技術を導入するなど、実益と実践を目標にしています。古代ギリシアでいえば、ソフィストの弁論術そのものです。それはそれで大事なことなのでしょうが、哲学の揺籃期においてロゴスに初めて「論理」という意味をもたせた思索家たちには、本来、論理によって世界と自然のことわりを理解したいという志があったことは忘れてはならないでしょう。

ゼノンもその一人です。そして彼が徹底的に理詰めで考えたならばどうなるかを世に問うたのが、本書のテーマである「アキレスとカメ」なのです。したがって、このパラドックスは単なる技術的なパズルではなく、「世界はどうなっているのか」を問うた、すぐれて哲学的な問題提起でもありました。

本書ではそのあたりの事情をお伝えしたかったのですが、ささやかな本のなかに巨大な問題群を詰め込もうとしたあまり、きわめて表面的な解説しかできませんでした。せめては秀逸なイラストでシチュエーションを愉しんでいただき、この本を入り口にして数学や哲学にさらなる興味を抱いていただければ幸いです。

著者を代表して　吉永良正

二〇〇八年五月二八日

[ま・や行]

[ら・わ行]

[た行]

[な行]

[は行]

索引

参考文献

プロローグ

プラトン『パルメニデス』（原典127-8）
　岩波書店「プラトン全集４」田中美知太郎訳、及びp7の訳註
アリストテレス『自然学』（原典６巻９章239b）
　岩波書店「アリストテレス全集３」出隆・岩崎允胤訳

第１章

ディオゲネス・ラエルティオス『ギリシア哲学者列伝（下）』
　加来彰俊訳　岩波文庫
清水義範『アキレスと亀』角川文庫
吉田洋一『零の発見』岩波新書

第５章

トール・ノーレットランダーシュ『ユーザーイリュージョン』
　柴田裕之訳　紀伊國屋書店

第６章

プラトン『パルメニデス』128。

エピローグ

プラトン『テアイテトス』174。なお、同じ話の別のバージョンがディオゲネス・ラエルティオスに二つあります。
ジョージ・G・スピーロ『ポアンカレ予想』永瀬輝男他監修・
　鍛原多恵子他訳　早川書房

著者紹介

吉永良正（よしなが・よしまさ）

1953年、長崎県生まれ。京都大学（数学専攻）および同大学文学部哲学科を卒業。大東文化大学文学部准教授（哲学・論理学）。科学の哲学的解釈を主要な課題とする一方、現代科学のインタープリター（橋渡し役）であるサイエンスライターとしても活動。『「複雑系」とは何か』（講談社現代新書）、『新装版 数学・まだこんなことがわからない』（講談社ブルーバックス・講談社出版文化賞科学出版賞受賞）など著書多数。

画家紹介

大高郁子（おおたか・いくこ）

イラストレーター、京都精華大学ビジュアルデザイン科准教授。『はじめまして数学 1・2・3巻』（吉田武著／幻冬舎）、『きょうも猫日和—猫のいる歳時記』（加藤由子著／実業之日本社）等、本の装幀画を数多く手がける。

アキレスとカメ——パラドックスの考察《こうさつ》

発行日——二〇〇八年七月一日　初版第一刷発行
二〇〇八年一〇月三〇日　第二刷発行

著者——吉《よし》永《なが》良《よし》正《まさ》

画家——大《おお》高《たか》郁《いく》子《こ》

発行者——野間佐和子

発行所——株式会社講談社
東京都文京区音羽二丁目一二—二一　〒一一二—八〇〇一
電話　出版部　〇三—五三九五—三五二四
販売部　〇三—五三九五—三六二二
業務部　〇三—五三九五—三六一五

印刷所——共同印刷株式会社

製本所——大口製本印刷株式会社

ISBN978-4-06-214783-5
N.D.C. 410　127P　19cm